KB260988

일생에
한번은
만나라

KI신서 2700

하늘에서 본 대한민국 1권
일생에 한번은

1판 1쇄 인쇄	2010년 10월 11일
1판 1쇄 발행	2010년 10월 18일

지은이	이태훈
펴낸이	김영곤
펴낸곳	(주)북이십일 21세기북스
기획·편집	김정규
본부장	이승현
마케팅·영업	도건홍
디자인	디자인신지
출판등록	2000년 5월 6일 제10-1965호
주소	(우413-756)경기도 파주시 교하읍 문발리 파주출판단지 518-3
대표전화	031-955-2100
내용문의	031-955-2707
팩스	031-955-2122
이메일	book21@book21.co.kr
홈페이지	www.book21.com

ⓒ 2010 이태훈

값	18,000원
ISBN	978-89-509-2653-3 13980

일생에
한번은
만나라

하늘에서
본
대한민국

1
제주도 / 경상도 / 강원도

글, 사진
이태훈

21세기북스

일생에 한번은 대한민국을 만나라!

20년 넘게 바람처럼 여기저기 돌아다닌 결과, 여덟 번째 머리말을 쓰게 되었다. 본문 원고를 쓰는 것보다 머리말 쓰기가 더 어렵다. 특히 이번에 출간하는 국내여행 책은 그 어느 때보다 어렵다.

삼면이 바다이고, 산이 70%를 차지하는 대한민국의 아름다움은 과연 어디에 있을까?

관광대국으로 발돋움하기 위해 정부와 지자체가 안간힘을 쓰고 있지만, 우리나라를 찾은 관광객은 한 해 1,000만 명을 넘은 적이 없다. 프랑스, 스페인, 이탈리아 등은 1년에 6,000만 명의 관광객이 찾지만 우리는 거기에 비해 한참 뒤처진다. 물론 우리의 소중한 유산들을 제대로 홍보하지 못한 탓도 있지만, 우리 스스로가 대한민국을 대표하는 여행지가 어디인지 알지 못하는 경우가 더욱 많다. 그래서 이번 작업을 통해 우리나라가 가진 문화의 우수성과 자연의 아름다움을 보여주기 위해 헬리콥터까지

동원해 다양한 시각에서 우리나라를 재조명하기 위해 최선을 다했다.

　　사계절이 뚜렷한 대한민국은 '색色'이 굉장히 다양하고 수려하다. 봄이면 노란 산수유와 붉은 매화꽃이 아름답고, 여름이면 하얀 연꽃과 초록빛을 한껏 품은 대나무가 인상적이며, 가을이면 온 산이 붉게 단풍으로 물들고, 겨울이면 하얀 눈으로 덮여 설국雪國을 연상케 한다. 이처럼 우리나라는 애국가에 등장하는 '화려한 금수강산'이라는 말 그대로다. 또한 이 책에서는 우리나라가 가진 3,000여 개의 섬 중에서 제주도, 거문도, 보길도, 청산도, 비금도, 독도, 매물도, 거제도 등 개인적으로 좋아하는 섬을 엄선해 그 아름다움을 카메라에 담았다.

　　끝으로 항공 촬영에 협조해 주신 '산림청' 관계자분들과 헬기 기장님 그리고 카메라 협찬을 해 주신 '캐논 코리아'에 감사의 말씀을 전한다.

2010년 9월 이태훈

GYEONGSANG NAM-DO 경상남도

GYEONGSANG BUK-DO 경상북도

GANGWON-DO 강원도

일생에
한번은
만나라

하늘에서
본
대한민국

JEJU ISLAND
제주도

섬 속에 또 다른 섬, 마라도 & 가파도

한국 최남단의 섬, 마라도는 고구마 모양이다.

『하멜표류기』에 '케파트Quepart'라는 지명으로 알려진 가파도

　　'국토 최남단의 아늑한 형제 섬'이라고 불리는 마라도와 가파도. 제주도 사람들은 우스갯소리로 "빌린 돈을 가파도 되고 마라도 된다"고 할 정도로 두 개의 섬은 우리나라 최남단 섬 속에서도 가장 끝 섬이다. "자장면 시키신 분~!"이라는 광고 카피로 유명해진 마라도는 즐비한 자장면 집과 횟집, 초콜릿 박물관, 흰 등대 등이 분주하게 관광객들을 맞는다. 가파도는 관광지로 '꾸며진' 느낌보다는 그저 섬사람들의 '있는 그대로'의 삶의 터전과도 같다. 마라도와 가파도, 각각으로 향하는 배만 봐도 두 섬의 차이를 확연히 느낄 수 있다. 매시간 대형 여객선이 마라도로 여행객들을 실어 나른다. 하지만 가파도로 가는 배는 하루에 두 번, 소박하고 단출하다. 어느 섬이 더 좋은지는 사람들의 감성에 따라 다르게 느껴질 것이다. 우리나라가 처음 서양에 알려진 계기가 된 곳, 『하멜표류기』에 '케파트'라고 소개돼 있는 가파도. 마라도보다 두 배 큰 섬이지만 여행객들에게는 낯선 이름이다. 가파도에는 딱 하나의 허름한 식당이 남아 있다. 그러나 포구를 거니는 해녀 아줌마와 꼬마들이 가파도를 방문한 당신을 객이 아닌 그저 식구처럼 따뜻하게 맞이할 것이다. 가파도 토박이 할머니들의 짙은 사투리, 7미터가 넘는 선사시대의 고인돌 군락, 바람도 구름도 파도도 잠시 쉬어가는 외로운 섬이 바로 가파도다. 다듬어지지 않은 가파도의 자연과 사람의 마음은 투박하지만 소박한 것이 특징이다. 특히 노란 유채가 익어가는 봄이 되면 가파도는 짙은 초록의 보리밭이 바람에 일렁인다. 바다에서 불어오는 말간 바람에 몸을 맡긴 청보리 밭이 한 폭의 그림처럼 펼쳐지는 가파도는 한적하고 조용한 분위기를 연출해 우리에게 색다른 모습을 보여준다. 그러나 여행객들로 시끌벅적한 마라도는 사람들이 밀물처럼 빠져나가기 전까지 시장을 방불케 할 정도로 야단법석이다. 하지만, 잠시 다녀가는 사람들의 발길이 바람에 밀려 본섬으로 가고 나면 섬은 한낮에 숨겨놓은 자신의 진정한 미를 하나둘씩 보여준다. 가파도가 봄이 좋다면 마라도는 갈대가 바람에 춤을 추는 가을이 아름답다. 푸른빛이 감도는 새벽녘의 호젓한 고요함과 바람에 밀려오는 파도소리를 마음으로 품고 나면 마라도는 세상에서 가장 아름다운 섬으로 다가선다. 영화 〈연풍연가〉에서 장동건과 고소영이 입을 맞추던 마라도 해변의 일출은 그 자체로 영화의 한 장면이다. 국토 최남단에서 맞는 일출과 일몰의 장관을 상상해보라. 상상 그 이상의 광경이 바로 이곳에서 펼쳐진다.

마라도 등대로 가는 길에 끝없이 펼쳐진 누런 갈대밭과 백 년에 한 번 꽃이 핀다는 백년초는 마라도의 모든 희로애락을 품고 있다. TV에 나온 자장면 집에서 자장면을 먹고, 사진 몇 장 찍고, 자전거로 섬 한 바퀴 휙 돌고 발길을 돌리기엔 옮기는 걸음마다 밟히는 마라도의 구석구석은 너무 아름답다. 이것이 제주도가 숨겨 놓은 섬 속에 또 다른 섬의 진면목이다. ♡

1883년 농어민 4~5세대가 제주 목사의 허락을 받아 최초로 섬에서 살게 되었다.

전라도가 아닌 제주도에 속하는 추자도

1271년까지 '후풍도'로 불렸던 추자도는 원래 전라남도 영암군에 속해 있었던 섬이다.

　　낚시꾼들의 천국, '황금어장' 추자도. 제주항을 떠나 1시간 10여 분을 달리면 닿는 추자도는 단연 낚시의 명소로 꼽힌다. 섬을 둘러싼 모든 갯바위가 낚시 포인트로 낚싯줄을 던진 바로 그곳이 모두 풍요로운 어장이라고 해도 과언이 아니다. 특히 11월부터는 '최고의 손맛'이라는 감성돔을 건져 올려보려는 '꾼'들의 발길로 분주하다. 일본까지 소문난 바다 낚시터로 초보자라도 바다낚시의 참맛을 느껴보기에 이보다 좋은 곳이 없을 것이다.

　　짙푸른 바다를 벗 삼은 추자도는 일반인에게는 생소하다. 낚시꾼들에게는 최고의 섬으로 명성이 자자하지만 우리가 쉽게 가기에는 멀고도 먼 섬이다. 제주도나 완도를 거쳐야만 갈 수 있기 때문에 추자도 여행이란 큰마음 쓰지 않으면 어렵다. 그렇기에 추자도를 한 번 방문한 사람들은 섬이 주는 자연의 신비와 섬사람들의 따스한 인심에 감동받는다.

　　'제주도의 작은 다도해多島海'로 불리기도 하는 추자도는 4개의 유인도와 38개의 무인도로 이루어져 있다. 하나같이 독특한 섬의 모양과 추자 10경의 아름다운 절경이 관광객의 눈길을 사로잡는다. 소머리 모양 우두섬, 우두섬의 해돋이 광경을 볼 수 있는 우두일출, 직구섬의 아름다운 저녁노을 직구낙조, 황금어장 신대에서 고기떼들이 뛰노는 모습을 가리키는 신대어유, 사자섬 절벽에서 기러기가 바다 한가운데로 내리꽂히는 수덕낙안, 추포도 멸치잡이 어선의 불빛을 가리키는 추포어화 등의 절경을 바로 이 추자도에서 모두 만끽할 수 있다. 또한 추자도 영흥리에 위치한 등대 홍보관은 제주도에서 유일하게 한라산과 다도해를 동시에 감상할 수 있는 곳이다. 망원경 한 대와 의자 서너 개로 겨우 '전망대'의 지위를 유지하고 있는 추자도의 오지박 전망대. 그러나 이곳을 통해 펼쳐지는 광경은 어느 화려한 전망대도 부럽지 않다. 수령섬, 염섬, 노린여, 검둥여, 횡간도, 미역섬, 구멍섬, 보름섬…… 자연이 깎아 놓은 풍경들이 이름처럼 독특하고 다양하게 눈앞에 펼쳐진다. 예초리로 들어서면 이번에는 짭짤한 바다 냄새가 코끝을 자극한다. 바다로 둘러싸인 섬인데 당연한 것 아니냐고? 잘 살펴보면 길 양옆 일렬종대로 늘어선 돌미역이 눈에 띈다. 이 강력한 자연의 향기는 섬의 햇살과 바닷바람을 동시에 품고 맛있게 말라가는 돌미역이 뿌려 놓은 천연 향수란 것을 알아챌 수 있다. 쩝쩝, 입맛을 다신다. ♡

추자도 사람을 닮아 소박한 묵리 포구와 마을 전경

붉은 지붕과 파란 지붕이 인상적인 추자도의 대서리 마을

제주도의 부속도서 중에서 가장 큰 규모를 자랑하는 우도

제주보다 더 유명한 우도

섬의 모양이 마치 소가 드러누웠거나 머리를 내민 모습과 같다고 하여 '우도'라고 부른다.

검은 화산재로 뒤덮인 우도의 모습

산호섬처럼 옥빛을 자랑하는 우도의 바다

이제는 '제주도'만으로는 성에 안 찬다. 〈시월애〉, 〈인어 공주〉, 〈연풍연가〉 등의 영화, 드라마 〈여름향기〉, 〈러빙유〉, TV 예능 프로그램까지 브라운관을 통해 쉴 새 없이 그 아름다움을 맘껏 뽐내온 우도. 이젠 '제주도' 하면 으레 '우도'라는 이름이 따라와야 할 것 같다.

소가 드러누웠거나 머리를 내민 모습과 흡사하다고 해서 이름 붙여진 우도牛島는 제주도의 부속도서 중에서 가장 면적이 넓은 섬이다. 화면을 통해 우도의 풍경에 익숙해진 우리는 가보지 않은 사람일지라도 에메랄드 빛 바다와 희디흰 백사장의 아름다운 색감으로 우도를 가장 먼저 떠올릴 것이다.

우도에 발을 얹으면 백사장 말고도 섬 전체에 고루 늘어선 나지막한 집들과 검은 돌담을 마주할 수 있다. 자연이 펼쳐주는 풍경을 최대한 훼손하지 않으려고 키를 낮춘 집들, 돌과 돌 사이 숭숭한 구멍들로 바람의 길을 터주며 긴 세월을 견뎌낸 돌담들은 그저 존재 자체만으로도 비할 데 없이 숭고한 아름다움을 내뿜는다. 집담, 산담, 바다담, 밭담 등등 그 너머에 어떤 풍경을 품고 있을지 종잡을 수 없는 우도의 돌담들 덕분에 관광객들에겐 우도를 내딛는 걸음걸음이 새로운 유혹이다.

'우도' 하면 또 하나 빼놓을 수 없는 곳이 바로 우도등대공원이다. 드넓은 초원의 잔디를 밟고 서서 하늘과 바람, 자연을 정면으로 맞닥뜨릴 수 있다. 우도 8경 중 하나인 '지두청사'다. 거칠 것 없이 귓가를 때려대는 바람도 푸른 잔디와 파란 하늘을 함께 품고 있기에 결코 거칠지 않은, 오히려 따스함을 안겨준다. 우도는 아직도 60여 명의 해녀들이 물질을 나간다. 하지만 어업이 대부분을 차지하는 여느 섬들과 달리 우도는 농업 소득의 비중이 더 크다. 마늘, 양파, 고구마, 보리 등의 농업에 적합한 비옥한 땅 덕분이다. 하늘에서 보는 우도의 풍경은 세상에서 가장 아름다운 모습이라 할 수 있다. 일반인들은 하늘에서 이런 모습을 볼 수 없기에 항공사진으로 그 모습을 대신한다. 이외에도 액운을 막기 위해 돌을 쌓은 방사탑, 제주 4·3 사건 후 공비의 침입을 막고자 설치한 망루와 등대 등 해안선을 따라 펼쳐진 다양한 '이야기'들이 우도를 떠나는 당신의 발길을 또 한 번 잡을 것이다. ¤

제주도를 대표하는 자연 아이콘 성산일출봉은 10만 년 전 수중폭발로 인해 생긴 섬이다.

세계자연유산으로 등재된 성산일출봉

해발 182m의 일출봉 정상에는 커다란 분화구가 있다.

거대한 성에서 일출을 본 적이 있는가. 서슴지 않고 '없다'라고 대답한 당신이 만약 성산일출봉에서 일출을 본 적이 있다면 그 대답을 수정해야 할 것이다. 거대한 성 모양을 닮았다 해서 '성산城山'이라는 이름이 붙은 성산일출봉은 그 자체가 자연으로 만든 아름답고 거대한 성이자 우리의 소중한 자연유산이다.

성산일출봉은 제주도 동쪽 성산반도 끝머리에 있는 화산섬으로, 3면이 깎아지른 듯한 해식애를 이루며 분화구 위를 99개의 봉우리가 빙 둘러싸고 있다. 마치 바다 위에 지은 거대한 철옹성을 연상시킨다. 화산의 탄생과 형성 과정을 속살 깊은 곳에 고스란히 담고 있는 세계적으로도 드문 화산섬으로 유네스코 세계자연유산으로 등재된 바 있다.

단연 성산일출봉의 압권으로 꼽히는 분화구는 초록의 잔디로 덮여 있어 커다란 원형 경기장을 방불케 한다. 이곳은 신혼부부들의 촬영 명소이자 어린아이들이 뛰노는 축구장으로 그 명성을 날렸다. 그러나 일출봉을 제대로 보려면 분화구에 오르는 것보다 해안가 절벽으로 가보는 것을 추천한다. 화산재가 밀려와 층층이 쌓여 지층을 이루고, 크고 작은 암석조각들이 비 오듯 쏟아지는 절벽층리의 절경이 일출봉의 또 다른 매력을 선사한다.

말을 타지 않고도 하루에 천 리를 달리고 활을 쏘지 않고도 적장의 투구를 벗기는 능력을 지녔다는 등경돌바위, 제주 동쪽을 지키는 장군바위 중 세 번째로 지위가 높다는 초관바위와 음습한 바위굴이 나타나는 등, 성산일출봉 화구벽은 기암투성이다. 5천 년의 세월을 지나온 오묘하면서도 다양한 형상으로 지금도 시시각각 변하는 시간을 온몸에 새기고 있는 모양이다. 영주瀛州 10경에 속한, 그 유명한 성산일출봉의 해돋이 광경은 명불허전名不虛傳이다. 워낙 관광지로 이름을 날려 제주에 익숙한 이들이라면 오히려 잘 찾지 않게 되지만, 독특한 경관으로 치자면 제주의 많은 오름 중에서도 단연 손꼽힐 만한 명소가 바로 성산일출봉이다. ◌

유네스코에 의해 세계자연유산으로 등재된 일출봉

일출봉은 1년 내내 아름답지만, 특히 봄철 노란 유채꽃이 필 때 가장 아름답다.

380여 개 오름 중에서 가장 아름다운 다랑쉬오름과 아부오름
KOREA | oo5 | JEJU ISLAND

다랑쉬오름은 산봉우리의 분화구가 마치 달처럼 보인다 하여 '월랑봉月朗峰'이라고도 부른다.

유네스코에 의해 세계자연유산으로 지정된 제주도. 이곳의 가장 큰 매력은 화산 폭발로 만들어진 한라산과 크고 작은 380여 개의 오름용암이 분출하면서 솟아오른 작은 화산체이다. 하늘에서 보면 밥그릇을 엎어 놓은 것 같은 오름의 모습은 아주 인상적이다. 이걸 다 돌아보다가는 평생이 걸릴지도 모를 일이다. 개중에서도 알짜배기를 골라 갈 수 있어야 어디 가서 '오름 좀 갔다 와 봤다'고 뻐길 수 있을 것이다. 우리나라에서 제일 아름다운 길로 선정된 비자림 주변의 다랑쉬오름과 아부오름은 제주에서 가장 아름다운 오름 중의 하나다.

'심장마비에 걸렸을 때 행동요령', 382미터 남짓의 다랑쉬오름 입구에는 이런 안내판이 붙어 있다. 400미터도 안 된다고 얕잡아 보면 안 된다는 뜻. 오르는 길의 각도가 만만치 않기 때문이다. 그러나 땀 흘려 정상의 분화구에 다다랐을 때, 옥빛을 가득 품은 바닷가와 마을 그리고 성산일출봉이 파노라마처럼 펼쳐지는 그 아름다운 광경이 흘린 땀을 배로 보상해 준다. 산봉우리의 분화구가 마치 달처럼 둥글게 보인다 하여 '월랑봉'이라고 부르는 다랑쉬오름은 한라산 기생화산의 하나로, 그 아름다운 자태 덕분에 '오름의 여왕'이라는 칭호를 얻기도 했다. 오름 정상에는 115미터 깊이의 깊숙한 분화구가 있는데 재수가 좋은 날에는 노루가 뛰노는 광경을 포착할 수도 있다. 매년 다랑쉬오름 일출제가 열리고, 패러글라이딩을 즐기는 사람들이 자주 찾는 곳이다. 또한 다랑쉬오름 근처에 하늘에서 보면 동그란 분화구와 그 안에 뾰족한 삼나무가 심어져 있는 아부오름이 있다. 오름에 오르지 않고서는 이 독특한 삼나무의 모습을 볼 수 없으니 다리품을 조금 팔아야한다. 제주민란을 소재로 한 영화 〈이재수의 난〉의 촬영지로 유명한 아부오름. '아부'는 아버지처럼 존경하는 사람을 뜻하는 제주방언으로, 앞오름, 압오름이라고 불리기도 한다. 아부오름의 원형 분화구는 바깥 둘레 1,400미터, 바닥 둘레 500미터, 화구 깊이 84미터 정도로 오름 자체의 높이보다 해발 지면에서 더 깊이 들어가 바깥 사면보다 가파르고 길다. 이곳은 오름을 보호하고자 사람의 진입을 금지한 몇몇 오름과는 달리 사람들도 자유롭게 드나들 수 있다. 파란 하늘과 황갈색 빛깔의 소들, 손에 잡힐 듯 하얗게 불어오는 바람이 아부오름에 선 당신을 한 점의 회화 작품 속으로 안내할 것이다. ¤

한경면 용수리에 위치한 당산봉은 해발 148m로 두 번의 폭발에 의해 생긴 이중식 화산체이다.

위 | 제주의 오름 중에서 가장 아름다운 다랑쉬오름과 작은 다랑쉬오름의 모습
아래 | 고대 로마의 원형 경기장을 연상시키는 아부오름은 원형 분화구의 전형을 보여준다.

걷기를 통해 자연의 미를 느낄 수 있는 산방산 올레길

높이 395m의 산방산은 종 모양의 종상화산이다.

바닷속으로 들어가는 용의 머리를 닮았다 하여 붙여진 용머리 해안의 비경

느리게 산다는 것. 남들이 뒤도 돌아보지 않고 날고 뛸 때 가끔은 뒤를 돌아보고 숨을 고른다는 것, 바로 '걷는' 삶일 게다. 이 '느림'의 미학을 실제로 구현해 놓은 곳이 있다. 지난 2007년 9월부터 '걷기'를 즐기는 개인들이 힘을 모아 만든 '느리게' '걸어서만' 갈 수 있는 길, 이제는 너무나도 유명해진 제주 '올레길'이다.

제주 사투리로 차가 다니지 않는 길, 특히 도로에서 집 앞 대문으로 이어지는 좁은 골목길을 뜻하는 '올레'는 올레 걷기를 주관하는 법인단체 '제주올레'의 표현대로 '평화의 길, 자연의 길, 공존의 길, 행복의 길, 배려의 길'이다. 현재까지 만들어진 12개의 코스 모두에는 올레지기가 있다. 올레지기는 그 마을에 사는 사람들로 관광객들을 안내하고 도와주는 역할을 하는 자원봉사자들이다. 마을 노인들이 집 한 켠을 내어주고 길손을 맞는 '할망민박'도 모든 코스에서 찾아볼 수 있다. 이런 것들이 평화와 공존, 배려라는 '올레'의 성격을 그대로 보여준다고 할 수 있겠다.

그중에서도 아름답기로 소문난 코스는 바로 화순해수욕장에서 시작해 산방산 옆을 지나 송악산을 넘어 대정읍 하모리해수욕장까지 이어지는 해안올레 10코스이다. 국토 최남단의 산이자 분화구가 있는 송악산과 바닷가에 불끈 솟은 산방산의 경치가 특히 볼거리다. 남제주군 산방굴사에서 송악산 초입까지는 풍치 좋기로 소문난 해안도로다. 그 길을 달리다 보면 겉으로 보기엔 한라산처럼 웅장하거나 빼어난 경치를 자랑하는 산방산과는 사뭇 다른 소박한 송악산180m을 마주한다. 그러나 송악산은 정상에서 내려다보이는 제주의 아름다운 풍경을 어느 곳보다도 '웅장하고', '빼어나게' 품고 있다. 최남단의 마라도와 가파도, 형제섬, 우뚝 솟은 산방산, 멀리 보이는 한라산, 그리고 끝없는 태평양, 바다를 씻겨온 바람과 능선에 이어지는 푸른 잔디의 풋풋한 감촉, 이 모두를 껴안고 있기 때문이다. 느리게 걸어야만 마주할 수 있고, 걸어 흘린 땀으로만 비로소 느낄 수 있는 자연의 아름다움, 바로 제주올레가 선사하는 느림의 미학이다. ¤

위 | 산방산 바로 앞에 있는 형제섬은 일출 촬영지로 유명하다.
아래 | 가을걷이가 끝난 사계리의 오후 풍경

에메랄드 빛 바다를 품은 섭지코지

KOREA | 007 | JEJU ISLAND

제주도에서 가장 물 색깔이 아름다운 신양리

　　해안을 향해 사람 얼굴의 코처럼 툭 튀어나온 곳, 섭지코지. 다른 말 필요 없이 '이병헌과 송혜교의 등 뒤로 펼쳐진 그림 같은 바다'라는 설명을 들으면 대부분의 사람들의 머릿속에 단박에 떠오르는 장면이 있다. 바로 이 섭지코지의 풍경이다. 드라마 〈올인〉의 촬영지로 너무나도 유명해졌다. 드라마의 배경이 된 '올인 하우스'가 그대로 보존돼 있어 국내 관광객뿐만 아니라 드라마의 팬이었던 한류 관광객들의 발길이 끊이지 않는다. 드라마 〈여명의 눈동자〉, 영화 〈단적비연수〉의 촬영지로도 알려져 있다.

　　신양해수욕장에서 2킬로미터에 걸쳐 바다를 향해 길게 뻗어 있는 섭지코지의 '섭지'란 재사才士가 많이 배출되는 지세란 뜻이며 '코지'는 곳을 뜻하는 제주방언이다. 코처럼 비쭉 나와 있는 독특한 지형이다. 뱃머리 모양을 한 바닷가 쪽의 '고자웃코지'와 해수욕장 가까이에 있는 '정지코지'로 이루어져 있다.

　　붉은 화산재로 형성된 넓고 평평한 언덕 위에는 왜적이 침입하면 봉홧불을 피워 마을의 위급함을 알렸다는 봉수대, 협자연대가 원형 그대로 보존돼 있다. 해안은 해수면의 높이에 따라 물속에 잠겼다 나타났다 하는 기암괴석들과 바위에 부딪혀 하얗게 부서지는 파도로 절경을 이룬다. 바닷가 옆으로 바로 난 좁은 산책길은 해안을 따라 운치 있게 굽이굽이 이어진다. 지금은 없어졌지만 과거에는 노란 유채밭이 있어 사람들의 마음을 황홀하게 만들었다. 유채와 어우러진 성산일출봉의 사진이 대부분 이곳에서 촬영됐다. 일출봉의 아름다운 모습을 보기에 섭지코지만큼 좋은 곳이 없다는 이야기다. 이곳에서 바라보는 거대한 화산섬, 일출봉을 바라보면 평생 잊히지 않는 자연의 미학을 느끼게 된다. ☼

파도를 벗삼아 춤을 추는 괭이갈매기

드라마 〈올인〉의 촬영지로 유명해진 섭지코지

섭지코지에는 왜적이 침입하면 봉홧불을 피웠던 봉수대가 있다.

제주 사람들의 소박한
삶을 엿볼 수 있는 민속촌박물관
KOREA | 008 | JEJU ISLAND

드라마 〈대장금〉 촬영장으로도 유명한 표선 민속촌박물관의 봄 풍경.

'제주에서 가장 제주다운 곳', 서귀포시 표선면에 위치한 민속촌박물관이다. 1987년 2월 20일, 약 15만 7천 제곱미터의 대지에 문을 연 이곳은 1890년대를 기준 연대로 제주도 옛 문화와 전통 생활풍속을 원형 그대로 되살려 놓은 야외박물관이다. 전통 취락단지인 산촌, 중산간촌, 어촌, 무속신앙촌, 어구전시관, 농기구전시관 등을 비롯해 조선시대의 목사청, 작청, 향청 등의 지방 관아와 귀향 온 죄인들의 배소配所가 복원되어 있다.

드라마 〈대장금〉, 〈추노〉, 〈거상 김만덕〉의 촬영장소이기도 한 이곳에는 특히 100여 채에 달하는 전통 가옥이 볼거리다. 200~300년 전 실제로 제주도민이 생활하던 가옥을 돌, 기둥 하나하나까지 그대로 옮겨 놓았다. 이 전통 가옥에는 또 생활용구, 농기구, 어구, 석물 등 8천여 점의 민속자료가 전시돼 있다.

말끔하게 단정된 민속촌 내부로 들어서면 우선 아담한 연못이 사람들의 마음을 풍요롭게 한다. 연못 뒤로 수백 년 전 제주도민들이 살았음 직한 옛집들이 결 하나까지 그대로 펼쳐진다. 곳곳에서 제주도민들의 생활양식을 발견할 수 있는 갖가지 소품들이 눈에 띈다. 그 중에서 인상적인 것은 우물 같은 물 저장고이다. 세 칸으로 나눠진 물 저장고의 첫째 칸은 식수로, 둘째 칸은 빨래를 하기 위한 용수로, 나머지 셋째 칸은 동물의 식수용으로 사용되었다

고 한다. 이는 이전부터 물이 귀했던 제주도의 삶의 방식을 엿볼 수 있는 하나의 예라고 할 수 있겠다. 또한 돌로 만들어진 이글루를 연상케 하는 '숯굴'도 이색적인 장소 중에 하나다. 이 숯굴은 최대 200도까지 올라가는 숯을 만드는 굴로, 좋은 숯을 만드는데 꼬박 나흘이 넘게 걸리기도 했다고 한다. 민속촌 내에 전통혼례를 올릴 수 있는 곳도 있다. 혼례를 올릴 수 있도록 의상 대여부터 촬영할 수 있는 장소까지 잘 구비돼 있어, 실제로 많은 커플들이 이곳에서 전통혼례를 올리기도 한다. 이 밖에도 옛 생활의 자취를 생생하게 체험할 수 있도록 민속품들이 곳곳에 마련돼 있다. 목공예, 죽공예, 띠공예, 베틀공예 등 전통 민속공예 장인들이 직접 옛 솜씨를 재현하고 있는 곳도 찾아볼 수 있다. 또한 민속공연장과 대표적인 무형문화재를 보존, 전승하는 무형문화의 집, 장터 등이 있다.

길가에 시원하게 늘어선 나무들, 형형색색의 꽃들이 만발하다. 자연과 동화되어 살았을 그 옛날 사람들의 생활방식에서 때 묻지 않은 자연을 빼놓을 수는 없을 터다. 오랜 조사와 연구, 그리고 철저한 고증을 토대로 그 옛날 제주도민들의 삶을 재현한 제주 민속촌박물관은 타임머신을 타고 200년 전의 제주도민이 되어보는 체험을 만끽하기에 안성맞춤인 역사의 현장이다. ¤

육지와 달리 납작한 초가 지붕이 인상적인 제주의 전통가옥

감귤과 돌하르방 그리고 초가가 어우러진 제주의 풍경

파도가 바람에 의해 한 폭의 아름다운 수채화를 그려내고 있다.

제주에서 가장 붐비는 도시, 중문

　　'제주 여행의 1번지'하면 누가 뭐래도 서귀포의 중문을 꼽지 않을 수 없다. 높이 50~60미터의 해안절벽에 둘러싸여 섬에 온 듯한 착각을 불러일으키는 중문해수욕장과 중문관광단지, 계곡 위의 상중하 3단으로 이루어진 그 유명한 천제연폭포와 주상절리 등 천혜의 경관으로 유명하다. 이외에도 '대한민국 관광 1번지'라는 홍보문구답게 호텔 등의 숙박시설과 식물원, 박물관, 놀이동산, 카지노 등의 각종 관광시설이 분주하게 여행객들을 불러 모은다. 다 좋지만 자연이 빚은 천연 관광시설만큼 찾는 이들을 감동시키는 것은 없다.

　　그중에서도 천연기념물로 지정돼 있는 천제연폭포는 단연 으뜸이다. 선녀들이 몰래 목욕을 즐길 것만 같은 신비스러운 기운으로 둘러싸인 이 폭포는 길이 22미터, 수심 21미터의 소를 이루는 제1폭포가 흘러내려 다시 제2, 제3의 폭포를 만든다. 천제연폭포 옆에는 견우와 직녀가 만난 오작교를 형상화한 선임교가 있다. 이 다리의 측면에는 천제의 선녀들이 별빛 속삭이는 한밤중이면 영롱한 제운의 구름다리를 타고, 옥피리를 불며 비파를 뜯으며 가벼운 걸음으로 내려와 맑은 물에 미역 감고 노닐다 올라갔다는 전설을 표현한 칠선녀 그림도 감상할 수 있다. 선임교를 건너 천제연폭포에 들어설 때, 선녀가 된 기분이 이런 걸까 싶다.

　　폭포의 양안 일대에는 희귀식물과 상록수 덩굴식물 등이 무성하게 어우러진 난대림지대가 형성되어 있다. 이 온통 초록의 난대림지대를 보호하기 위해 천연기념물 제378호로 지정했다. 특히 이 계곡의 담팔수는 지방기념물 제14호로 지정돼 있다.

　　중문에는 또 하나 빼놓을 수 없는 자연의 아름다운 건축, 주상절리가 있다. 주상절리는 단면의 형태가 육각형 내지 삼각형으로 긴 기둥 모양을 한 절리로, 중문, 대포 주상절리대에서는 기둥 모양의 주상절리가 절벽을 이루고 있는 웅장한 광경을 감상할 수 있다. 정방폭포와 천지연폭포가 이런 지형에 형성된 폭포이다. ▢

위 | 깎아지른 절벽이 인상적인 중문
아래 | 제주도 여행의 1번지로 꼽히는 중문은 호텔, 해수욕장 등 다양한 편의시설이 있는 곳이다.

한 해 70만 명이 찾는 주상절리에는 자연의 신비함이 고스란히 남아 있다.

제주 사람들의 삶의 애환이 스민 돌무덤

바람, 여자 그리고 돌이 많아 '삼다도'라고 불리는 제주, 그 중에서도 가장 인상적인 것은 바로 돌무덤과 돌담이다.

밭을 일구며 캐낸 돌로 만든 무덤, 제주는 특이하게 무덤이 산이 아니라 밭에 있는 것이 특징이다.

한 해 수십만 명의 외국인이 제주도를 다녀간다. 이들에게 제주하면 떠오르는 가장 큰 이미지가 무엇인지 물으면 "돌을 쌓은 담장과 돌무덤"이라고 한다. 구멍이 뚫린 현무암 돌덩이를 쌓아 만든 담과 무덤은 우리가 봐도 색다르다. 하물며 하늘에서 보면 돌무덤은 죽은 자의 안식처가 아닌 하나의 조형예술품으로 보인다. 파릇한 보리밭, 감자밭, 콩밭 등 제주 사람들의 일상생활 공간에 무덤이 터줏대감처럼 버티고 있다는 것이 특징이다. 높은 산이 아닌 자신들의 집 근처나 텃밭, 오름의 중턱, 길가의 곳곳, 밭 한가운데 우뚝, 장소에 상관없이 돌무덤이 솟아 있다. 밭에서 걸러낸 돌들로 쌓은 돌무덤은 농경 사회였던 고대 사회의 생활상을 고스란히 담으며 고단했던 제주 사람들의 삶을 대변한다. 그래서 제주의 돌무덤은 다른 곳과 달리 지나가는 이방인들의 이목을 붙든다. 그들의 힘들었던 생활이 돌 하나하나에 아로새겨져 있기 때문이다. 무심코 무덤이라고 치부한다면 아무것도 아니겠지만, 밭이나 산간 지역에서 만나는 제주의 돌무덤은 그들의 생명의 터전이자 일터이자 쉼터였다. 그래서 돌무덤은 가슴 시리고 애달프다. 육지와 달리 변변한 논 한 마지기도 없고 돌투성이인 밭을 개간한 제주 선주민들의 모든 역사가 돌무덤에 있는 셈이다. 그런 그들의 생명의 터전에서 밟히는 돌들을 걸러내 그곳에서 생을 마감한 이들의 안식처를 만들었다. 그들의 고단한 인생이 밭 한가운데, 길가 곳곳에 우두커니 서 있는 돌무덤에 투영돼 있는 것이다.

　도시에서는 보기 힘든 제주의 돌무덤 군락을 보고 있노라면 안내책자를 읽거나 책을 찾아보는 것보다 더 깊이 이곳의 역사와 문화가 가슴에 스며든다. 좁은 땅에 바람도 세고 돌도 많은 터라 어쩔 수 없이 발달된 제주의 장묘문화일 테지만, 그 옛날부터 이어져 온 제주도민의 삶과 지혜를 오롯이 반영하고 있는 돌무덤은 그 자체로도 매력적인 볼거리다. 과연 제주도 사람들은 저 돌무덤을 만들면서, 또 보면서 무슨 생각을 했을까? 밭 한가운데, 길가 곳곳에 자리하고 있는 돌무덤은 그 자체로 오롯이 제주를 말하고 있다. 또 이방인들에게는 제주 지역의 문화를 이해하고 느낄 수 있는 시금석이 될 것이다. ¤

말 목장 가운데 자리한 돌무덤

삶과 죽음이 늘 함께 한다고 생각하는 제주 사람들의 지혜가 빛나는 돌무덤

한라산을 사랑한 또 하나의 섬, 비양도
KOREA | 011 | JEJU ISLAND

한림읍 협재리에 위치한 섬이자 기생화산인 비양도

"중국 춘추전국시대 때 있던 한 봉우리가 잦은 전쟁 탓에 남으로 날아가기로 결심한다. 날아가다 마주친 제주도 한라산의 아름다움에 깊이 감동한 나머지 한라산 옆에 자리를 잡으려 한다. 이 광경을 보고는 저 봉우리가 떨어지면 모든 사람들이 다 죽게 될 것 같다고 느낀 주민들이 떨어지는 봉우리를 보고 정성스레 기도했다. 기도 끝에 봉우리는 그냥 제주 앞바다에 '풍덩' 하고 자리를 잡았다. 그렇게 생긴 섬"이라는 전설의 섬, 바로 비양도다. 바다의 모래가 제주로 올라와서 생겼다는 협재, 금능해수욕장이 있다.

혹시 전설처럼 또 다른 봉우리가 날아온다면 비양도의 아름다움에 반해 또다시 이 옆에 '풍덩' 하고 자리를 잡을 것만 같다. 이곳 바다의 빛깔과 하늘의 색감, 그 어떤 고급 물감으로도 표현할 수 없는 말 그대로 '기가 막힌' 총천연색의 푸른빛을 뿜어낸다. 제주도에서 가장 푸른 옥빛 바다가 바로 비양도 앞에 펼쳐진다.

제주시 한림읍에 자리한 비양도는 실제로는 고려 목종 때 화산 폭발에 의해 생겨난 섬으로 약 80여 명의 주민이 사는 잘 알려지지 않은 제주도의 숨은 섬 중 하나이다. 하지만 낚시꾼들에게는 아주 유명한 포인트로, 여름철이면 낚시꾼들의 발길이 몰려든다.

해안으로 난 좁고 소박한 산책길에서 바다를 바라보고 있노라니, 애기를 업은 아주머니의 광경이 눈에 들어온다. 이곳에서 가장 유명한 '애기 업은 돌, 부아석負兒石'이다. 정말 더도 덜도 말고 애기 업은 아주머니 같은 돌의 형상이 놀라울 따름. 이외에도 베개용암 등의 기암괴석, 섬 중앙에는 높이 114미터의 비양봉과 2개의 분화구가 자리하고 있다. 오름 동남쪽 기슭에는 '펄낭'이라 불리는 염습지가 있다. 북쪽의 분화구 주변에 한국에서는 유일하게 비양나무 군락이 형성되어 1995년 제주기념물 제48호 비양도의 비양나무자생지로 지정, 보호되고 있다. ¤

평화롭고 한적한 분위기가 연출되는 한림의 금능리

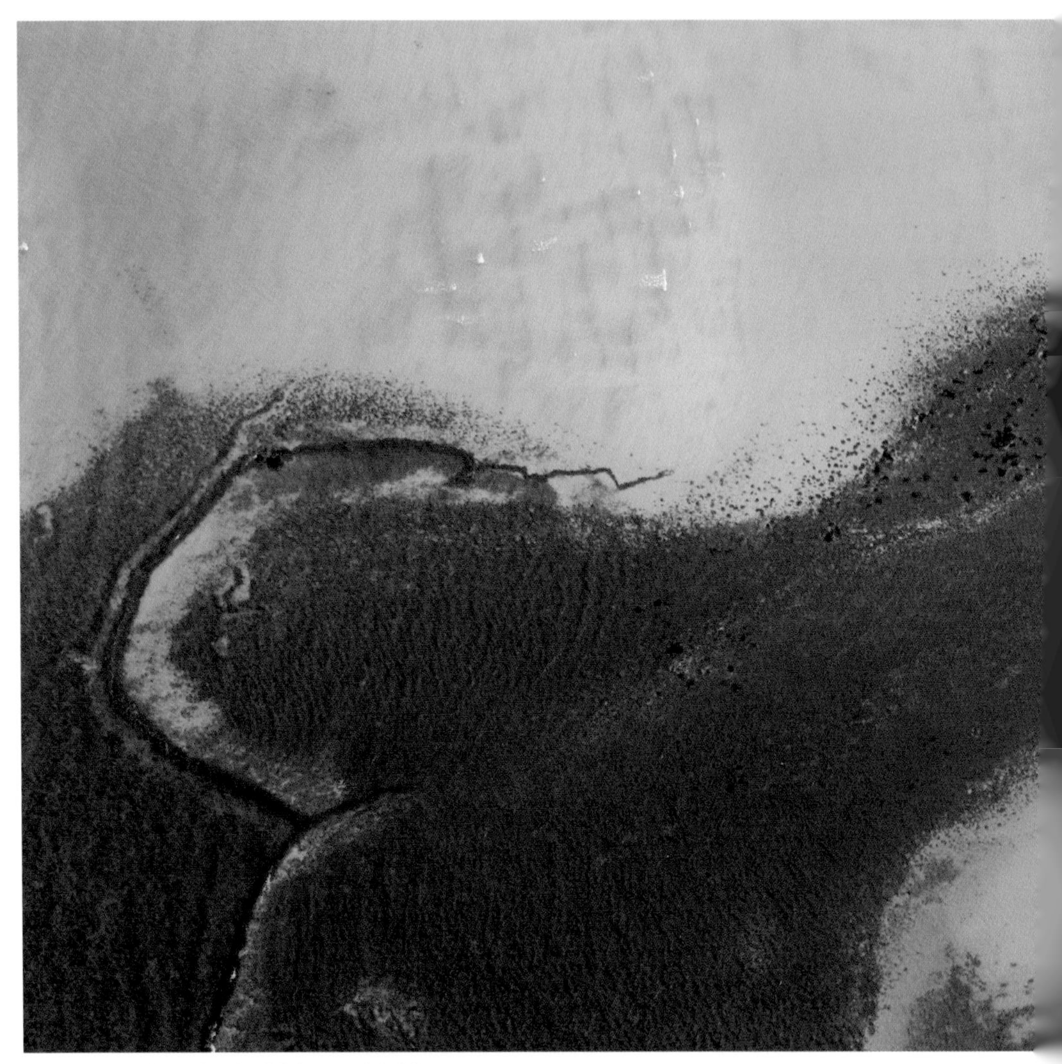

화산섬이라는 단어를 떠올리게 하는 금능리의 바다

우리나라 최고의 명산, 한라산

1,950m, 남한에서 가장 높은 한라산은 백두산과 함께 우리 한민족의 정기가 서려 있는 곳이다.
하얀 눈으로 덮인 백록담의 모습

"비가 오는 날이면 나는 삼나무 숲길에 가고 싶어 견딜 수가 없어진다. 차창의 빗방울을 와이퍼가 닦아낸 자리에 어룽어룽 초록빛이 스며들면 나는 차창을 조금 내린다. 신선한 숲 냄새가 단숨에 스며든다."

한라산을 찾아 1112번 국도를 달리다 보면 자연이 만든 또 다른 '벽'을 만날 수 있다. 뉴욕 맨해튼에 건물이 벽처럼 들어서 있다고 해서 이름 붙여진 '월스트리트'가 있다면, 제주에는 삼나무가 빽빽하게 벽처럼 둘러싼 초록 숲의 '월가'가 있다. 위에 인용한 『제주도 비밀코스 여행』이란 책에도 그려진 제주에서 아름답기로 둘째가라면 서운한 바로 그 곳, '삼나무 숲길'이다.

도로 양옆으로 5미터는 족히 넘을 것 같은 삼나무가 빼곡하게 심어져 있는 이곳. 거대한 숲에 둘만 달리고 있다는 착각을 불러일으킬 만큼 한적하고 아름다운 대한민국 최고의 드라이브 코스이자, 데이트 코스다. 길 중간쯤에 있는 물찻오름 입구 주차장에 차를 대고 나와 걷다 보면 차로 달릴 때와는 또 다른 맛을 느낄 수 있다. 한 걸음 한 걸음 옮길 때마다 온몸 구석구석에 배어드는 것만 같은 숲의, 초록의, 자연의 향기. 아니나 다를까 산림욕에는 삼나무가 최고란다. 이렇게 아름다운 숲길을 넉넉하게 품어주는 곳이자 남한에서 가장 높은 명산, 대한민국에서 태어났다면 누구나 한 번은 꼭 가봐야 할 산이 바로 한라산이다. 남한에서 제일 높고 화산으로 이뤄졌으며, 그 안에 넓은 백록담을 품고 있기 때문이다. 해발 1,950미터, 남한 최고의 고도를 자랑하는 한라산. 그 타이틀만으로도 등산객들의 발길을 유혹하기에는 충분하다. 초록의 새순이 파릇파릇 돋아나는 계절에도, 폭풍우가 몰아쳐 걸음조차 디디기 힘든 날에도, 형형색색의 단풍으로 물든 천고마비의 계절에도, 휘날리는 눈보라에 한 치 앞을 보기 힘든 날에도, 한라산은 사시사철 한 치도 양보할 수 없는 아름다움을 자랑한다. 한라산 정상 등반은 그래서 항상 관광객들의 발길로 분주하다. 족히 5시간은 걸려 남한 최고도의 한라산을 오르며 흘린 땀방울은 바다에서 불어오는 바람에 금세 사라진다. 산이 그리 험하지는 않지만 거리가 길어 시간이 제법 걸린다. 하지만 영실이나 성판악 등 다양한 코스를 통해 한라산에 일단 오르게 되면 이 산이 간직한 다양한 나무와 꽃들에 눈을 뗄 수 없을 것이다. ▱

구름과 안개로 휩싸인 한라산

짙은 녹색이 붉은 단풍으로 변해가는 한라산 중턱의 가을 풍경

하늘에서
본
대한민국

GYEONGSANGNAM-DO
경상남도

비단과 푸른 바다로 둘러싸인 남해 금산과 보리암

"……그 여자 울면서 돌 속에서 떠나갔네 / 떠나가는 그 여자 해와 달이 끌어주었네 / 남해 금산 푸른 하늘가에 나 혼자 있네 / 남해 금산 푸른 바닷물 속에 나 혼자 잠기네"

남해 다도해에 여기저기 흩어져 있는 돌섬들을, 그 사이의 간격들을, 그 사이의 푸른 물들을, 그 푸른 물을 머금은 남해 금산錦山을 노래했던 이성복 시인. 그 시에서처럼, 이름에서처럼 아름다운 자태를 뽐내는 곳이 바로 남해다.

남해는 동쪽으로 통영시, 서쪽으로 한려수도를 사이에 둔 한국에서 네 번째로 큰 섬이다. 68개의 섬으로 이루어져 있으며, 주민 대부분이 큰 섬인 남해도와 창선도에 거주하고 있다. 유인도인 조도, 호도, 노도에는 69가구 정도가 생활하고 있다. 나머지 65개의 섬은 사람이 살지 않는 무인도로, 자연 그대로가 만들어낸 빼어난 절경을 갖추고 있다. 남해도에는 망운산786m, 금산701m, 송등산617m, 창선도에는 대방산468m 등 험준한 산들이 솟아 있는데, 국내 섬 중에서 가장 산이 많은 곳이 남해다.

남해의 산 중에서 가장 많은 관광객들을 불러 모으는 곳이 바로 이성복 시인이 노래한 남해 금산이다. 원래는 신라의 원효가 이 산에 보광사라는 절을 세워 보광산이라 불렀는데, 이성계가 이 산에서 백일기도를 올려 조선왕조를 개국함으로써, 그 영험에 보답하는 뜻

"

으로 산 전체를 비단으로 덮었다고 한다. 그 후 금산이라는 명칭을 얻었다.

금산은 이름처럼 비단결의 고운 산세를 이루고 있을 것 같지만 반대다. 초입부터 만나는 사선대를 비롯해 험준한 기암괴석들로 뒤덮여 있다. 한려해상국립공원 내의 유일한 산악공원으로 주봉인 망대를 중심으로 왼쪽에 문장봉, 대장봉, 형사암, 오른쪽에 삼불암, 천구암 등의 암봉이 솟아 있다. 사선대라는 이름은 동서남북에 흩어져 살던 네 신선이 이 암봉에 모였다 하여 붙여졌다. 이를 지나면 금산의 관문인 쌍홍문이 나온다. 신라 때 원효 대사가 두 굴이 쌍무지개와 같다 하여 쌍문이라 불리게 됐다고. 신선의 놀이터라 일컫기도 하는 이곳에서도 남해 다도해의 절경이 보인다. 초입부터 펼쳐지는 장관은 앞으로의 금산이 어떤 절경을 보여줄지를 말해주는 예고편 같다.

금산에서 가장 웅장한 높이의 바위인 80미터 상사암에서 바라보는 보리암 일대의 광경은 황홀하다. 산을 오르며 만나는 천태만상의 기암괴석과 울창한 숲, 그리고 정상에 올라 눈 아래 굽어보이는 남해가 빚어내는 절묘한 조화가 감탄사를 자아낸다. 금산 초입 풍경의 예고편이 결코 과장이 아니라는 말씀. 올라보지 않은 사람에게는 그저 '아름답다', '황홀하다'는 감탄밖에 그 감상을 쏟아낼 길이 없다. 산 정상에는 양양 낙산사, 강화 보문사와 함께 한국 3대 기도처의 하나인, 쌍계사의 말사인 보리암이 있다. 산 깊은 곳, 남해를 바로 앞에 두고 자리한 보리암은 산과 바다를 모두 품은 채 맑은 정기를 내뿜고 있다. 바로 밑, 바다를 향해 세워진 해수관음보살상이 우뚝 솟아 속세를 굽어본다. 비단의 고운 산세가 아닌, 거대한 암봉과 기암괴석이 이루고 있는 남해 금산이 비단보다 아름다운 이유다. ◻

남해는 충무공 이순신 장군이 명량, 노량, 한산도 등지에서 일본을 상대로 큰 승리를 거둔 역사의 현장이다.

바다와 논밭이 아름다운 비경을 선사하는 심천마을

금산 남쪽 봉우리에 따리를 튼 절집, 보리암

남해를 대표하는 상주리해수욕장

세계문화유산을 간직한 합천 해인사
KOREA | 002 | GYEONGSANGNAM-DO

맑고 깨끗한 아침 햇살을 마음껏 받고 있는 사천왕문과 일주문

높이 1430m의 가야산은 가야국이었던 이 지역에서 가장 높고 훌륭한 산이었기 때문에 '가야의 산'이라는 뜻으로 불렸다.

"산은 산이요, 물은 물이로다"

이 유명한 구절을 만들어낸 무소유, 청빈한 삶, 3년간 눕지 않고 수행했던 장좌불와 등으로 기억되는 대한민국 불교계의 큰스님 성철 스님. 이 성철 스님의 부도탑을 만날 수 있는 곳이 경상남도 합천 가야산에 위치한 해인사다. 대한불교 조계

종 제12교구 본사로 신라 애장왕 때 순응과 이정이 우두산가야산에 초당을 지은 데서 비롯된 해인사는 통도사, 송광사와 함께 삼보사찰 가운데 하나로, 법보사찰로 유명한 곳이다. 1236년 강화도에서 만들어진 고려팔만대장경판은 1399년에 해인사에 옮겨왔다. 이때부터 해인사는 호국 신앙의 요람으로 인정받기 시작했다. 그 후 성종 때 가람을 대대적으로 증축했고, 근세에 이르러서는 불교 항일운동의 근거지가 되기도 하였다.

산사에서 처음 만날 수 있는 것이 성철 스님의 부도탑이다. 다음으로 만나는 '해인 길상탑'은 전쟁으로 굶주린 병사를 살리고 위태로운 나라를 구하려는 스님들의 호국 정신이 깃든 탑이다. 길상탑을 지나 올라가면 아담한 연못, 영지가 나온다. 예전에는 크기가 아주 넓어 해인사 전경이 이 연못에 비쳐서 '그림자못'이라는 의미의 영지影池라고 했다고 한다. 드디어 해인사의 '일주문'을 마주한다. 일주문 뒤로 이어지는 전나무 숲길이 세속의 때를 씻고 선계로 발을 내딛게 해주는 관문 같다. 이 가운데 1,200년의 세월을 품은 고목古木이 해인사의 역사를 증명하며 우뚝 서 있다.

해인사를 호국 정신의 상징적 사찰로 자리매김하게 한 팔만대장경. 세계문화유산으로 지정된 팔만대장경 장경판전은 해인사의 맨 꼭대기에 자리하고 있다. 수많은 사찰과 유서 깊은 보물들이 잦은 전쟁과 침략으로 무너지고 훼손되는 사이, 해인사의 팔만대장경은 처음 그 모습을 오롯이 지켜왔다. 제주도, 거제도, 완도 등지에서 실어온 자작나무로 만든 대장경판은 바닷물 속에 3년 동안 담가 둔 원목을 꺼내 판을 짠 것이다. 이 판을 다시 소금물에 삶고, 삶은 판을 다시 3년 동안 그늘에서 말리고, 그다음 판에 글자를 새겨 옻칠로 마무리해 완성했다. 그 인고의 세월 속에 백성의 애국심까지 담겨 있으니, 오늘날까지도 상하거나 뒤틀림 없이 온존하는 문화유산으로 주목받지 않는가 싶다. 그 명성답게 웅장한 모습을 자랑하는 합천 해인사는 주변의 모든 것들까지 천년의 역사 속에 품고 있다. ☼

위 | 장경판전의 입구에서 대각광전 쪽으로 본 사진
아래 | 우리 조상의 나라 사랑이 스민 팔만대장경

위 | 새벽 도량석을 끝내고 학인 스님들이 해인사 대적광전 마당을 마음을 비우듯 깨끗하게 청소하고 있다.
아래 | 산 주름 사이로 자리한 해인사의 모습

통도사는 부처님의 불법을 통달하여 중생을 제도한다는 뜻에서 지어진 이름이다.

양산의 원래 이름은 삽량주였다. 신라 문무왕 때 지금의 경상북도 상주와 경상남도 창녕 땅을 조금씩 떼어 만든 삽량주가 여러 차례 이름을 바꿔오다가 조선 태종 때 이르러 양산이라는 이름을 얻었다. 영남의 젖줄인 낙동강과 동해를 옆구리에 끼고, 태백산맥의 지맥에서 뻗어나간 천성산812m, 원효산922m 등의 높은 산지가 북고남저의 지형을 이루는 곳이다. 이곳에는 '영남알프스' 일대에 속하는 영취산1,059m이 있다. 경상남도 양산시 하북면, 원동면과 울산광역시 울주군 삼남면, 상북면에 걸쳐 있는 산으로 취서산, 영축산이라고도 불린다. 정상에서 바라보는 영남알프스 일대가 장관을 이루는 모습은 영취산 등반의 가장 큰 묘미다. 신불산, 간월산, 재약산, 천황산 등의 거대한 산맥이 눈앞에 펼쳐진다. 내려다보이는 풍경이 아니라, 엇비슷한 높이의 산들이 일궈내는 하늘 속 절경이다.

또 하나 놓쳐서는 안 될 곳이 영취산 초입에 있다. 영취산문을 통과하면 차량을 이용해서 가는 길과 영취산의 아름다운 정취를 만끽하며 걸을 수 있는 길이 각각 왼쪽과 오른쪽 두 갈래로 나뉘는데, 이 길 중 오른쪽 소나무 숲길을 지나 10분쯤 걸어가면 다다르는 통도사다. 영취산 남쪽의 한 기슭에 자리한 통도사는 한국 3대 사찰 중 하나로 유명하다. 부처의 진신사리가 있어 불보사찰이라고도 한다. 『삼국유사』에 따르면, 신라의 자장이 당나라에서 불법을 배우고 돌아와 신라의 대국통이 되어 왕명에 따라 통도사를 창건했다고 전한다. 이때 부처의 진신사리를 안치하고 금강계단金剛戒壇을 쌓아, 승려가 되기를 원하는 많은 사람을 득도의 길로 인도하였다고 한다. 이 절이 통도사라 불리게 된 데는 세 가지 뜻이 있다고 전해진다. 우선 이 절이 위치한 영취산의 모습이 부처가 설법하던 인도 영취산의 모습과 통通한다는 의미다. 또 승려가 되고자 하는 사람은 모두 이 계단을 통과해야 한다는 의미에서 통도라고 했으며, 모든 진리를 회통하여 일체중생을 제도한다는 뜻에서 통도사라 이름 지었다고 한다.

통도사의 정수는 부처님의 사리를 모셔둔 금강계단이다. 통도사 가장 안쪽에 자리한 금강계단은 쉽게 대웅전이라고 생각하면 된다. 다만 일반 사찰에서는 대웅전 안에 부처님을 모셔놓지만, 통도사의 대웅전에는 부처님이 모셔져 있지 않다. 대신 그 자리에 커다란 창이 나 있고, 창 너머로 부처님의 사리를 모셔 놓은 금강계단의 모습이 보인다. 잦은 전쟁과 왜구의 침탈 속에서도 천년의 세월을 오롯이 지키고 있는 금강계단은 통도사의 정신이 그대로 담겨 있는 곳이다. 그 모습에서부터 당당한 위엄이 풍긴다. 이 밖에도 보물 제334호인 은입사 동제향로, 보물 제471호인 봉발탑, 소속 암자로 선원禪院인 극락암을 비롯하여 백운암, 비로

암 등 13개의 암자가 있다. 창건 이후 계율의 근본 도량이 되었고, 신라의 승단을 체계화하는 데에 중심지 역할을 한 통도사의 깊은 역사는 천년을 넘어 이어지고 있다. ♡

위 | 대웅전의 현판은 2개이다. 정면에 '금강계단'이라는 현판이 있고, 좌측으로 돌아가면 '대웅전'이라는 현판이 있다.
아래 | 탑을 돌며 열심히 기도를 올리고 있는 불자들

부안 내소사처럼 아름다운 꽃 문양이 인상적인 대웅전의 문

진주 남강은 병마절도사 최경회의 후처인 논개가 일본군 장수 게야무라 로쿠스케를 끌어안고 투신한 곳으로 유명하다.

그저 스쳐 지나갔을 뿐이지만 진주는 나에게 막연하게 좋은 이미지로 각인되어 있는 도시다. 1995년 진양군과 통합 시를 이룬 진주는 역사, 문화, 예술, 교육 등 경남 서부의 중심 도시다. 이름값을 톡톡히 하는 빼어난 자연 풍광과 역사적 관광자원이 풍부한 곳이다. 경남의 동맥을 이루는 남강 유역에 시가지가 펼쳐져 있으며, 남강을 중심으로 강북, 강남, 강동 3개 지역으로 나뉜다. 진주하면 남강이라는 말이 떠오를 만큼 남강은 진주를 대표한다. 자랑스러운 역사 속 이야기와 아름다운 풍취를 간직한 남강은 진주 시민이 입이 마르도록 칭찬하는 진주시만의 자랑이다.

논개의 충절로 그 어떤 강보다 이름난 강, 남강. 남강다리를 지나 촉석루에 올라 내려다보는 남강은 전해지는 이야기만큼이나 아름답다. "달무리 진 진주 남강 촉석루에 정답게 첫사랑의 꽃 피우던 그 시절이 그리워라. 촉석루 난간 볼에 달빛만이 고요한데, 남강은 굽이 돌아 끊임없이 흐르건만" 남강수의 노래 〈추억의 진주남강〉의 한 소절이다. 이처럼 진주 남강을 바라보고 있노라면 그 정취가 시나 노래로 탄생될 만하다. 매년 10월 진주남강유등축제를 비롯해 각종 문화행사가 열려 이곳의 아름다운 경치를 찾는 관광객들을 반갑게 맞이한다.

또한, 의암바위를 빼놓고는 남강을 이야기할 수 없다. 남강의 역사 속에 논개의 투혼이 살아 있기 때문이다. 이 의암바위에서 논개가 왜장을 껴안고 투신했다. 임진왜란 전에는 위험한 바위라 하여 위암危巖이라 불렸는데, 논개의 투신 이후 의리를 세운 바위라는 뜻에서 '의암'이라는 칭호를 얻었다고 한다. 그리고 이 의암바위에 솟아 있는 촉석루는 고려 말 진주성을 지키던 주장의 지휘소였다. 공민왕 14년인 1365년에 창건된 것으로 전해지며, 임진왜란 때 왜적이 침입하자 남쪽 지휘대로 사용하면서 남장대라고도 불렸다.『동국여지승람』에 김주가 영남루를 중건할 때 이 촉석루를 본보기로 하였다고 되어 있다. 현재의 건물은 한국전쟁 때 화재로 소실된 것을 1960년에 재건한 것이다. 대한민국 3대 누각 중 하나인 촉석루는 고요하게 흐르는 진주 남강과 어우러져 절경을 선사한다. 촉석루에 불이 들어오고, 남강이 그 불빛을 비추는 야경이 특히 아름답다. 진주 남강과 촉석루, 그리고 논개는 진주 그 자체를 말한다. 역사 속 이야기가 '진주'라는 이름만큼이나 아름답게 흐르고 있기 때문이다. ✿

진주성은 일명 '촉석성'이라고도 한다. 내성의 둘레1.7km, 외성의 둘레 약 4km이다.

진주성은 임진왜란 때 김시민 장군이 왜군을 대파한 장소이기도 하다.

진주 시내를 가로지르는 남강과 진주성이 너무나 아름답다.

야생 차밭과 소설 『토지』의 도시, 하동

화개 중학교에서 방과 후 열심히 공을 차고 있는 학생들

경남 하동하면 제일 먼저 머리에 떠오르는 것이 소설가 박경리의 『토지』다. 하동은 하동군 악양면 평사리의 대지주 최씨 가문 4대에 걸친 가족사가 우리나라 역사, 나아가 만주, 일본까지 장대하게 펼쳐지는 대하소설 『토지』의 중심이 된 도시다. 소설 『토지』는 하동의 문화에서 탄생했으며, 또다시 하동의 문화를 만들어나가고 있다고 해도 과언이 아니다. 소설 속 최참판댁이 14동의 실제 한옥으로 재탄생했고, 조선 후기의 생활상을 재현한 세트장이 조성되었으며, 매년 가을마다 전국의 문인들이 모이는 '토지문학제'가 개최되면서 『토지』의 도시 하동으로 관광객들의 발길이 끊이지 않고 있으니 말이다.

군내 중앙지대로 섬진강 지류가 흐르는데, 그 지류인 횡천강 유역의 충적지를 중심으로 농경지가 발달했다. 4월이면 하동 화개면 일대를 수놓는 십 리 벚꽃길, 하동군 동쪽의 금오산 일출 풍경, 하동을 품고 있는 지리산 남부능선을 따라 분홍빛을 물들이는 형제봉의 철쭉, 청학동 삼성궁 등의 하동 8경은 어느 계절, 그 어디를 둘러보아도 감탄을 자아낸다. 그래서 하동은 3월부터 11월까지 매달 화개장터와 섬진강의 벚꽃축제, 대봉 감 축제 등 다양한 행사로 1년 내내 많은 볼거리를 선사하는 '축제의 도시'이기도 하다.

가을에 특히 꼭 가봐야 할 하동 8경 중 한 곳이 있다. 바로 쌍계사다. 대한불교조계종 제22교구 본사이다. 840년에 건감선사 최혜소가 개창하였다. 쌍계사는 사방이 막혀 있다. 답답하겠다고? 천만의 말씀. 가을, 형형색색의 단풍나무가 쌍계사의 사방을 둘러싸고 있는

데, 이 고색창연한 자태 속에 안긴 사찰이라니. 전국에서도 쌍계사의 이 같은 절경에 견줄 만한 곳은 많지 않다.

절 양옆으로 시냇물이 흘러서 쌍계사라 이름 붙여졌다고 하며, 1648년 의웅이 중건하였다. 1677년 대웅전을 세웠으며, 1695년에는 시왕전을 중건했다. 이후 대법당과 시왕전, 첨성각이 중수됐고, 1980년 도훈이 해탈문을 세우고 불사를 진행하여 오늘에 이른다.

하동을 말할 때, 또 하나 빠질 수 없는 것이 있다. 그 자체로 비경을 자아내는 녹차밭이다. 화개장터 입구에서부터 쌍계사를 지나 신흥까지, 장장 12킬로미터의 지리산 자락에 야생차밭이 펼쳐져 있다. 하동의 자연을 머금은 야생차의 향기가, 매화와 벚꽃까지 합세한 푸른 차밭의 절경을 가득 담고 피어난다. 녹차는 하동이 자랑하는 최고의 특산물로 하동 전체 농가의 10퍼센트를 훨씬 웃도는 가구가 녹차를 재배한다. 특히 화개면은 녹차산업특구로 지정돼 있으며, 전국 녹차 재배면적 중 23퍼센트를 하동이 차지하고 있다.

이외에도 재첩의 산지, 섬진강 백사장의 하동 송림, 슬로시티로서의 하동 등 소개할 것이 정말 많은 곳이다. 볼거리, 즐길 거리, 먹을거리, 그리고 이야깃거리가 넘쳐나는 하동은 1년 열두 달이 관광 성수기다. ▢

쌍계사로 이어지는 이 길을 '벚꽃 십리길'이라 부른다.

하동을 대표하는 쌍계사는 840년에 진감선사 최혜소가 개창하였다.

전남 보성 차밭이 인공적인 느낌이라면 쌍계사 주변의 하동 차밭은 야생 그대로다.
그래서 이곳의 차밭은 지방기념물 제61호로 지정되어 있다.

함양에서 만난 한국 전통건축의 백미, 정여창 고택

　'좌안동 우함양'이란 말이 있다. 선비의 마을 안동과 그 이름을 나란히 할 만큼 묵향의 꽃이 핀 또 하나의 선비의 고장이 바로 함양이다. 함양향교와 안의향교, 남계서원, 청계서원, 송호서원 등 유서 깊은 향교와 서원, 누각, 정자 등이 남아 있어 곳곳에서 600년 전 선비의 기품을 느낄 수 있는 또 하나의 역사 도시다. 남동쪽으로 산청군, 북쪽으로 거창과 전북 장수군, 남쪽으로 하동군과 전북 남원시와 접한 함양은 지리산과 남덕유산1,507m이 남북으로 경계를 이룬 고위평탄면의 지형이다. 이 밖에 깃대봉1,015m, 월봉산1,279m, 황석산1,080m, 삼봉산1,187m 등 산지로 둘러싸인 골 깊은 오지가 바로 함양이다.

　1871년 대원군의 서원철폐령에도 살아남은 서원이 전국에 47개 정도가 있는데, 그 중 하나인 남계서원이 이곳 함양에 있다. 남계서원은 명종 7년인 1552년 지방 유생들이 일두 정여창 선생을 기리기 위해 백운동서원에 이어 전국에서 두 번째로 창건된 서원이다. 남계서원을 돌아 나와, 개평마을로 향하면 일두 정여창 선생의 고택이 나온다. 초입부터 한옥들이 즐비한 개평마을은 현재 한옥마을로 조성되었다. 일두 정여창 선생은 조선시대 오현五賢 중 한 분이다. 일두 선생의 고택은 1570년대 후손들이 중건한 것으로 상류주택의 전통가옥구조로 중요한 민속자료이다. 1만 제곱미터의 넓은 집터로 솟을대문, 행랑채, 사랑채, 안

채 등의 건물들이 들어서 있다. 과연 솟을대문부터 보는 사람을 압도하는 양반가의 기품이 느껴진다. 솟을대문에 들어서면 맨 먼저 사랑채가 나온다. 둥근 기둥 모양과 활주 아랫부분의 석재도 특이하다. 사랑채 옆에 난 중간마당을 거쳐 안채가 보인다. 부엌과 안채가 ㅁ자 구조로 이루어졌다. 뒤쪽으로는 크고 작은 장독간이 놓였고, 부엌과 연결된 문이 나 있다. 이 네모난 공간 속에서 양반집의 거대한 살림살이를 도맡아 했을 아낙네들의 고달픈 삶이 그려진다. 이 ㅁ자 공간이 마치 어머님 품속처럼 더 따뜻하고 아늑하게 느껴지는 이유다. 장독간 옆으로는 조상을 모시는 사당과 곳간이 자리한다. 이곳을 돌아 나가면 안 사랑채가 나온다. 주로 삼대가 함께 모여 살았던 종갓집에서 어르신들이 기거했던 별채로 쓰이는 공간이다. 정여창 고택에는 함양을 대표하는 한옥답게 함양군에서 관리하는 홍보관도 마련되었다. 여러 귀중한 자료들이 전시되어 있고, 해설사가 상근하고 있어 고택을 제대로 알고 돌아보기에 좋다. 정여창 고택은 드라마 〈토지〉의 촬영 장소로 등장하기도 했다. 마을 곳곳에는 이외에도 노참판댁 고택, 마을 사람들이 물을 길으러 다녔을 우물, 마을 분위기를 더욱 편안하고 고즈넉하게 만들어주는 아름다운 돌담들이 볼거리를 선사한다. 느릿느릿 한 걸음 한 걸음을 음미하며 돌아봐야 그 멋을 제대로 느낄 수 있는 곳, 함양이다. ¤

선비의 고장 함양, 이곳은 예로부터 남명 조식 선생 계열의 북인北人들이 성리학을 발전시켜 온 본고장이다.
그 중에서도 일두 정여창 고택은 조선 선비의 올곧은 정신이 그대로 스며 있어 사람들에게 많은 사랑을 받고 있다.

함양 지곡면 개평리 마을은 정여창 선생의 일가를 비롯한 '하동 정씨'의 집성촌이 우리의 전통을 오롯이 지키며 살고 있다.

종가집의 규모를 알 수 있는 항아리들

사랑채는 정면 3칸, 측면 1칸의 ㄱ자형이고 홑처마 맞배지붕집이다.

부산 시민의 영혼의 안식처 금정산과 범어사

부산에 이름의 유래가 아름다운 산이 한 곳 있다. 『신증동국여지승람』에 따르면 "산정에는 높이 3장丈, 1장은 10자 정도의 돌이 있고, 샘은 둘레가 10여 자이고 깊이가 7치로서 늘 물이 차 있으며 가뭄에도 마르지 않고 금빛이 났는데, 금색 물고기가 다섯 가지 색의 구름을 타고 하늘에서 내려와 그 샘에서 놀았다"는 전설이 전해지는데, 여기서 유래된 산 이름, 금정산金井山이 그곳이다.

금정산은 백두대간의 끝자락에 해당하는 산으로 주봉은 고당봉이다. 이 화강암 봉우리는 낙동강 지류와 동래구를 흐르는 수영강의 분수계를 이룬다. 북쪽으로는 장군봉, 남쪽으로 상계봉을 거쳐 백양산까지 산세가 이어져 있고, 그 사이로 원효봉, 의상봉, 미륵봉, 대륙봉 등 험준한 봉우리가 이어진다. 크고 웅장한 규모의 산은 아니지만 나무가 우거져 있고 물이 풍부하며 기암절벽이 많다. 산중에는 14군데의 약수터가 있고 2,300여 종의 수목과 다양한 동물이 서식하는 천혜의 자연을 자랑한다. 또한 삼국시대에 축성된 한국의 옛 산성 중 가장 웅대한 규모를 자랑하는 사적 215호 금정산성과 한국 5대 사찰 중 하나인 범어사 등을 품고 있다.

금정산성은 삼국시대 석축산성으로 길이 1만 7336미터의 한국 최대 산성이었으나, 현재는 약 4킬로미터의 성벽만이 남아 있다. 대부분의 성루가 산 등성이나 고갯마루의 능선에 위치하는데 반해, 금정산성은 계곡에 자리 잡은 흔치 않은 성이다. 성루에 올라서면 계곡을 흐르는 물소리가 바람에 날리는 울창한 나무들의 잎사귀 부딪히는 소리와 함께 고요한 산속에 울린다. 좌우에 울타리처럼 산 
성을 감싸는 계곡이 천혜의 요새임을 입증한다. 이 금정산성과 관련해 유명한 것이 또 하나 있다. 바로 금정산 막걸리다. 1700년 금정산성 축성 당시에 석축자들의 새참 술이었다는 이 막걸리는 그 후 조선 방방곡곡에 부산산성 막걸리로 널리 알려져 왔다. 1979년 고 박정희 대통령이 대통령령으로 허가한 대한민국 민속주 1호다. 금정산을 오를 때 놓쳐서는 안 될 묘미가 바로 이 금정산 막걸리다.

　화엄종 10찰, 한국 5대 사찰 중 하나인 범어사는 금정산 산행에서 빼놓을 수 없는 코스다. 『범어사창건사적』에 따르면 당시 범어사는 "미륵전, 대장전, 비로전, 천주신전, 종루, 강전, 식당, 목욕원, 철당 등이 별처럼 늘어서고 360개의 요사寮舍가 양쪽 계곡에 꽉 찼으며, 사원에 딸린 토지가 360결이고 소속된 노비가 100여 호에 이르는 대명찰"이었다고 한다. 지금은 상당 부분 손실과 증축을 거쳐 옛 모습에서 많이 변화되었다.

　범어사는 입구 전의 길부터 잘 정비돼 있다. 반듯하게 깔린 돌길을 지나 범어사 일주문으로 들어서면, 네모꼴로 되어 있는 일반 사찰의 기둥 배치와는 달리 일렬로 나란히 늘어선 특징을 발견할 수 있다. 마당에 거대한 규모의 소나무가 어느 한 쪽으로의 치우침도 없이 사방으로 곧게 뻗어 있다. 대웅전을 비롯하여 삼층석탑, 당간지주, 석등 등 경내의 건축물들도 곳곳에 푸른 나무들과 돌담 등에 둘러싸여 아름답게 잘 정비돼 있다. 옛날부터 의상을 비롯하여 그의 제자인 표훈, 낙안, 영원 등 많은 고승들이 이곳을 거쳤다고 한다. 이름만큼이나 아름다운 자연과 천년의 세월을 품은 유적지들을 만날 수 있는 곳, 금정산에서 막걸리 한 사발과 함께 시름을 털어본다. ♡

부산 금정산에 똬리를 튼 범어사는 합천 해인사, 양산 통도사와 함께 영남의 3대 사찰로서 영남 불교의 중심축을 형성하고 있다.
사진은 '지혜를 찾는 집'이라는 뜻의 '심검당'의 지붕

금정산성과 부산 범어동 일대의 모습

범어사는 신라 문무왕 18년 678년에 의상 대사가 창건하였다고 전해진다.

기암절벽이 우뚝 솟아 있는 금정산

여름 최대의 휴양지, 해운대와 광안리
KOREA | 008 | GYEONGSANGNAM-DO

부산의 새로운 아이콘으로 떠오른 광안대교

10년도 더 전에, 기억도 가물가물할 만큼 오래전에 '부산'을 가봤다면, 그때의 부산은 잊는 게 좋을 것이다. 강산도 변한다는 그 세월 동안 부산은 정말로 많이 변했다. 특히, 그다지 잘 정돈되지 않아서 해수욕을 즐기러 오는 관광객들의 발길이 뜸했던 광안리해수욕장은 해운대에 이어 부산 제2의 랜드마크가 될 만큼 발전했다. 또 단연 전국 최고의 해수욕장으로 각광받던 해운대는 해수욕뿐만 아니라 센텀시티, 주상복합 아파트, 호텔 등 다양한 문화공간이 들어선 최고급 레저타운으로 변신했다.

이제 부산에 가면 누구나 한 번쯤 다녀간다는 광안리해수욕장은 부산의 명물이 된 광안대교로 더욱 유명해졌는데, 이 광안대교의 조명시설은 가히 우리나라 최고의 경관을 선사한다. 부산시 수영구 남천동과 해운대구 우동의 센텀시티를 잇는 총 길이 7,420미터, 너비 18~25미터, 복층 구조의 왕복 8차로인 광안대교는 총 공사비 7,899억 원을 들여 2003년 1월 6일 완전히 개통했다. 다리에 설치된 조명은 시간대별, 요일별, 계절별로 구분해 10만 가지 이상의 다양한 색상을 낸다. 매일 밤마다 광안리 전체를 빛의 예술관으로 변모시키는 것이다. 이 휘황찬란한 빛의 향연은 바닷가에 비친 불빛이 물결에 일렁이는 효과가 더해져 장관을 연출한다. 광안대교를 배경으로 '인류의 빛' '문화의 빛' '축복의 빛' 등 3가지 주제의 레이저 영상도 광안리 밤하늘을 수놓는다. 또 야외무대가 설치돼 있어 연중 공연이 열리고, '낭만의 거리' '해맞이거리' '젊음의 거리' '축제광장' 등의 테마거리에서는 구간별로 서로 다른 분위기를 연출하고 있다. 또 전국 최고 규모를 자랑하는 민락횟촌에는 300여 개의 다양한 횟집이 몰려 있고, 20년이 넘는 역사의 불고기골목 등 풍부한 먹을거리까지 갖추고 있어 관광객들의 발길을 유혹한다.

　　광안리가 최근에 부산을 대표하는 장소로 부각되고 있지만 10여 년 전까지만 해도 그 자리는 해운대의 차지였고, 지금도 여름철이면 해수욕을 즐기려는 사람들로 북새통을 이룬다. 한국 8경의 하나로 꼽히는 명승지, 신라 최치원이 난세를 한탄하며 속세를 떠나 해인사로 들어가던 길에 이곳의 절경에 감탄한 나머지 자신의 호를 따 바위에 새긴 것으로 이름 붙여졌다는 대한민국 최고의 휴양지, 해운대. 지금 이 해운대는 자연이 만든 해수욕장뿐만 아니라 최고급 건축물들이 올라가며 연일 땅값을 갱신하는 '비싼 동네'이기도 하다. 복합문화공간인 센텀시티, 방배동 혹은 분당 정자동 카페골목을 연상시키는 카페거리, 파라다이스 호텔, 웨스틴조선 호텔 등의 고급 호텔, 온천장, 풀장, 골프장 등 위락시설 등이 잘 정비된 교통망과 함께 들어서 있는 고급스러운 신도시로 거듭난 것이다. 실제로 해운대에는 젊은이들이 즐겨 찾는 클럽 등의 레저문화도 발달해 있어 여름밤이면 전국뿐만 아니라, 세계 각국에서 온 젊은이들의 열기가 밤새도록 식을 줄 모른다. 이렇듯 다른 첨단 도시처럼 변모한 부산이 여느 도시와 차별되는 특별한 관광지인 이유는 따로 있다. 아직도 부산 '아지매'들의 왁자지껄한 입심으로 지탱되고 있는 수산물 재래시장인 자갈치 시장, 여전히 최고의 백사장을 자랑하는 해운대의 곱디고운 모래사장, 그리고 눈길만 돌려도 펼쳐지는 에메랄드 빛 바다 풍경 등이 그 답이다. 지극히 '부산다운' 이러한 전통적 요소들이 첨단화된 경관과 함께 살아 숨 쉬는 부산이 여전히 제1의 관광지, 그리고 지금 이 순간에도 끊임없이 관광의 새 지평을 열어가는 대한민국 제1의 휴양지인 이유다. ▢

휘황찬란한 네온사인이 화려하게 수놓은 부산의 밤풍경은 아주 이색적이다.

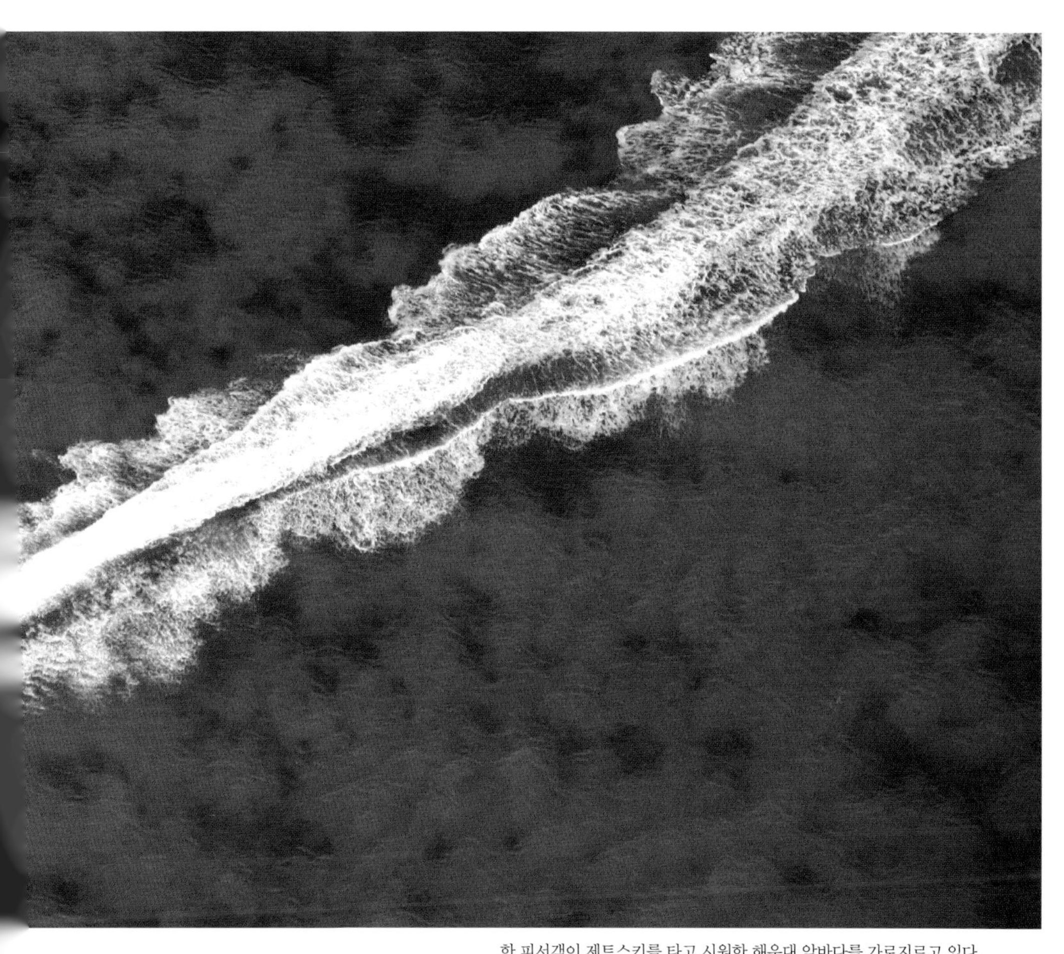

한 피서객이 제트스키를 타고 시원한 해운대 앞바다를 가로지르고 있다.

여름철이면 우리나라에서 가장 많은 사람들이 찾는 해운대

자연 생태의 보고, 창녕

우포늪은 가로 2.5km, 세로 1.6km로 국내 최대의 자연 습지이자 국제습지조약 보존 습지로 지정되었다.

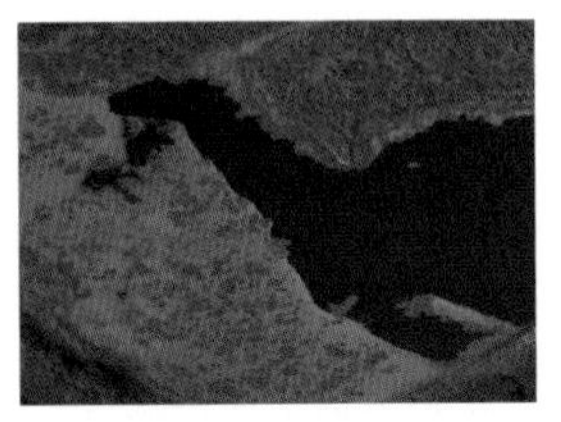

동쪽으로 밀양시와 경북 청도, 서쪽으로 합천과 의령, 남쪽으로 함안과 창원, 북쪽은 대구와 경북 고령에 접하는 창녕은 관광지로 잘 알려진 곳은 아니었다. 그러나 이렇게 사람의 손이 덜 탄 창녕은 1998년 이후 새로운 관광지로 조명되기 시작한다. 사람의 발길이 뜸했기 때문에 오히려 많은 사람들의 눈길을 끌기 시작한 것이다. 1998년 람사르 총회가 지정한 보존 습지, 지금은 너무도 유명해진 창녕 우포늪이 그 주인공이다. 이곳은 창녕 우항산을 중심으로 양쪽 모두가 늪이다. 여의도 면적과 비슷한 70여만 평으로 국내 최대의 자연 늪지가 바로 우포늪이다. 1998년 람사르 협약에 의해 세계적인 습지로서의 가치를 인정받았다. 1억 4천만 년 전 한반도가 생성될 시기에 만들어진 우포늪은 '100년 전에 형성된', '천년의 역사를 가진' 등의 수식어가 한없이 작게 느껴질 만큼, 자그마치 억 단위의 역사로 거슬러 올라간다. 1억 4천만 년 세월의 생태계가 고스란히 남아 있는 우포늪은 그래서 어떤 자연경관과도 비교 불가능하다. '자연 그대로'라는 수식이 이곳만큼 들어맞는 곳이 없기 때문이다.

사진 애호가들의 출사 포인트로 유명한 우포늪은 늦가을의 물안개 낀 몽환적인 경치가 일품이다. 푸른 나무와 풀 사이로 하얀 안개가 스며들어 나무줄기나 풀뿌리가 아늑하게 희미해진다. 지상의 풍경이 아니라 천상의 구름 위에 떠 있는 것 같다. 한 치 앞 시야마저 안개 속에 갇힌 고요한 우포늪 속에서 셔터 누르는 소리만 찰칵찰칵 울리는 장관이 펼쳐진다.

창녕에는 우포늪만 있는 것이 아니다. 화왕산의 억새밭 또한 놓칠 수 없다. 화왕산은 경남 창녕군 창녕읍과 고암면의 경계를 이루는 산으로, 낙동강과 밀양강에 둘러싸인 창녕의 진산이다. 지척에 영취산, 관룡산 등 영남알프스 산자락 아래로 펼쳐진 다랭이논과 계곡의 풍경이 그림 같다. 그러나 산줄기는 험준한 바위들로 꽉 차 있다. 험한 바위 고개를 넘을 때마다 눈앞에 보상처럼 펼쳐지는 풍경이 더 아름다워 보이는 이유다. 창녕여자중학교를 거쳐 구불구불 험한 산새를 지나 정상에 오르면 거짓말처럼 펼쳐지는 대평원을 마주한다. 5만여 평에 펼쳐진 억새밭의 장관에 절로 탄식이 터져 나온다. 동쪽 밋밋한 산록을 뒤덮은 이 억새초원은 진달래 군락과 함께 화왕산을 전국적으로 이름나게 한 으뜸 요소다. 우포늪과 화왕산 억새밭, 창녕은 여느 이름난 관광지 못지않은 천연 관광자원을 품은 생태계의 보고다. ▢

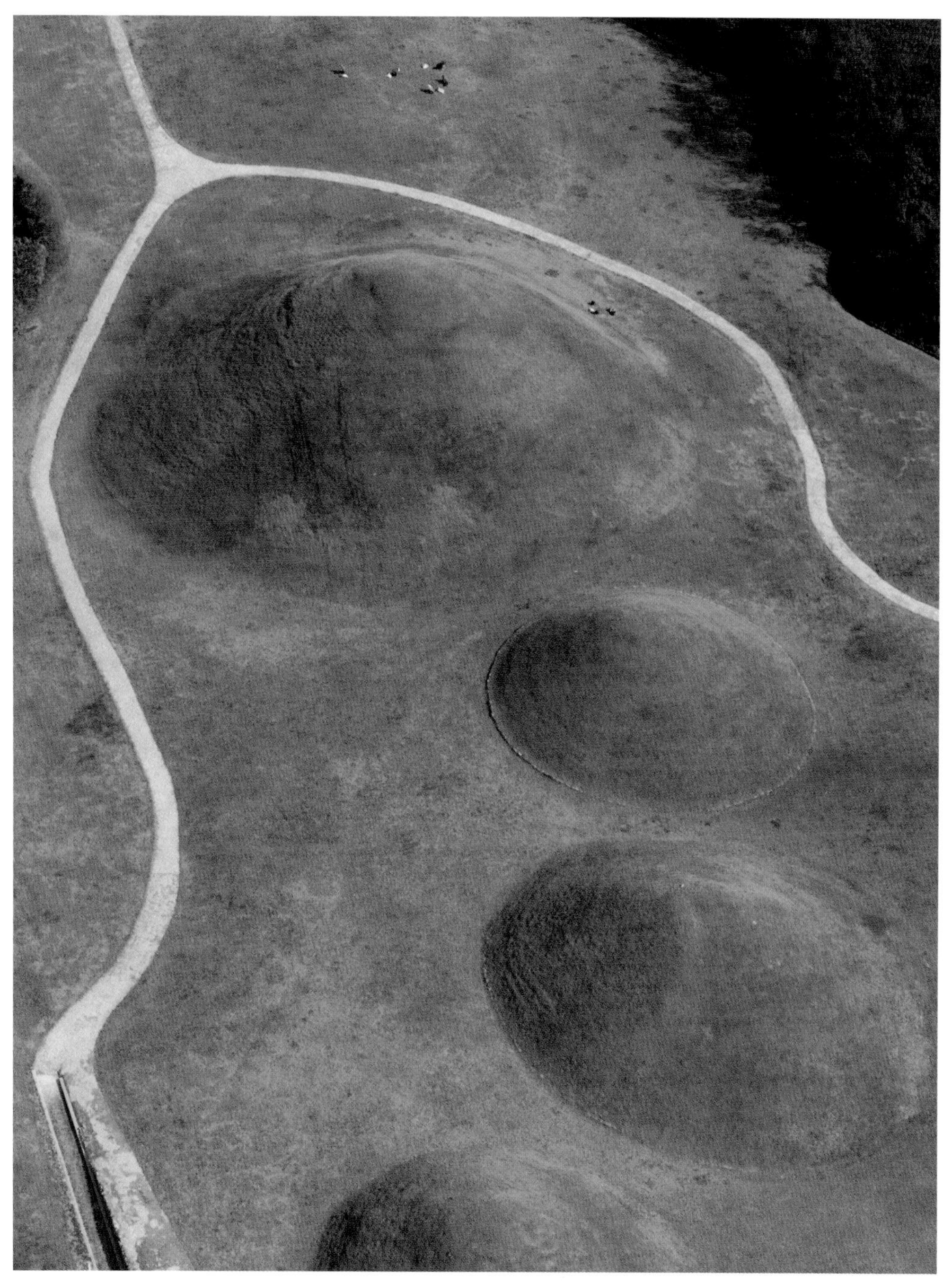

우포늪과 함께 창녕을 대표하는 문화유적지, 가야 고분

화왕산 억새밭은 강원도 정선 민둥산의 참억새밭과 함께 전국에서 제일 큰 규모를 자랑한다.

화왕산 정상의 억새밭

'은밀한 햇살'의 도시, 밀양에서 만난 영남루

보물 147호 영남루는 밀양을 상징하는 최고의 건축물이다. 영남루는 신라 경덕왕 때 영남사 부속 누각으로 지어졌고,
고려 공민왕 때 김주가 밀양부사로 부임해 새롭게 신축하여 영남루라 칭했다고 한다.

밀양은 첨단 도시와는 거리가 멀지만, 원래는 부산과 대구의 중간에 위치한 교통의 요충지로서 다른 지역과의 교역이 활발해 빠른 근대화 과정을 거쳤던 지역이다. 일찍이 문화가 발달하여 많은 학자를 배출하기도 했다. 동쪽에 향봉산992m, 천황산1,189m, 북쪽에 가지산1,240m, 운문산1,188m, 서쪽에 천왕산619m, 화왕산756m을 병풍처럼 등지고 있다. 시의 중앙부를 밀양강이 가로지르고, 그 양안에 넓은 평야가 형성되었다. 이 밀양강의 아름다운 경관을 품은 우리나라 3대 누각 영남루가 밀양시 내일동에 있다.

보물 제147호 영남루는 진주 촉석루, 평양 부벽루와 함께 우리나라 3대 누각으로 손꼽힌다. 이 건물은 조선시대 때 손님을 맞거나 휴식을 취하는 용도로 지어졌다. 고려 공민왕 14년인 1365년에 밀양군수 김주가 통일신라 때 있었던 영남사라는 절터에 지은 누각으로, 지금 건물은 조선 헌종 10년인 1844년에 밀양부사 이인재가 새로 지은 것이다.

추화산을 등지고 밀양강 맑은 물에 그림자를 드리운 배산임수의 전형 영남루. 절벽 좌우로 침류당과 능파각을 익루로 거느리고 있어 영남루 전체가 마치 이를 날개 삼아 날아갈 듯 산뜻하면서도, 높은 기둥과 넓은 기둥 그리고 기둥 사이 때문에 웅장한 분위기를 내기도 한다. 건물 서쪽 면에서 침류각으로 내려가는 지붕은 높이 차이가 나게 층을 이룬 특이한 구성이다.

조선 후기 목조 건축물 중 대표적인 걸작으로 손꼽히고 있으며, 조선 16경에 선정되었던 만큼 수려한 경관을 자랑하는 곳이다. 누각의 내부는 화려하다. 기둥과 기둥 사이, 그를 연결한 충량과 퇴량, 또 대형 대들보까지 모두 화려한 용신으로 조각돼 있는가 하면, 형형색색의 봉황, 꽃무늬 그림이 가득하다. 천장은 뼈대가 그대로 드러나는 연등천장으로 시각적 즐거움을 선사한다.

누각의 난간에 기대어 아래를 바라보면 밀양강 물살에 부딪혀 부서지는 햇살의 풍경이 눈앞에 펼쳐진다. 말 그대로 '눈부시게' 아름답다. 영남루 마당을 거닐다보면 바닥에 도드라지게 올라온 돌들을 볼 수 있다. 연한 납석으로 이루어진 석화石花인데, 영남루 일대에 산발적으로 분포돼 있다. 국화꽃 모양을 한 형태로 특히 비가 내린 후에 더욱 선명하고 아름답다. ▢

문전옥답이 많은 밀양이지만 부산과 대구 사이에 위치해 도시 발전은 아직까지 미흡한 편이다.

현재의 건물은 헌종 때 불탄 것을 이인재 부사가 중건한 것으로,
진주 촉석루, 평양 부벽루와 함께 우리나라의 3대 명루名樓로 꼽힌다.

자다가도 일어나 바다로 가고 싶은 곳, 통영 매물도

"바람 맛도 짭짤한 물맛도 짭짤한 / 전복에 해삼에 도미 가재미의 생선이 좋고 / 파래에 아개미에 호루기의 젓갈이 좋고 / 새벽녘의 거리엔 쾅쾅 북이 울고 / 밤새껏 바다에선 뿡뿡 배가 울고 / 자다가도 일어나 바다로 가고 싶은 곳"

우리말 방언의 토속적 어감을 가장 맛깔나고도 아름다운 시어로 표현할 줄 알았던 시인 백석은 정감 가는 언어로 통영을 노래했다. '동양의 나폴리' 통영은 아름다운 바다 풍경으로 유명한 '한려해상국립공원'에 속하는 비경의 도시다. 해안선의 총길이는 617킬로미터로, 42개의 유인도와 109개의 무인도가 산재한다. 동해난류가 흘러 수온이 적당한 이 해역은 한국 수산의 보고라 할 수 있다. 백석 시인이 노래했듯 "뿡뿡 배가 우는" 활발한 어업활동이 이루어지는 곳이다.

통영에는 이탈리아의 아름다운 섬 도시 나폴리에 비견되는 몇 가지 예들이 있다. 통영항에서 배를 타고 약 30분쯤 들어가면 나타나는 비경의 섬 비진도, 푸른 숲이 어우러진 기암절벽과 갯바위, 그리고 신비스럽도록 푸른 빛깔의 바다가 어우러진 욕지도와 세존도, 연화도 등의 섬들은 세계에서 가

장 아름답다는 지중해의 섬을 연상시킨다.

통영의 이 수많은 섬들 중에서도 가히 '한려수도의 보물'이라고 이를 수 있는 섬이 바로 매물도다. 통영항에서 뱃길로 약 1시간 40분, 동남쪽에 위치한 매물도는 해안선 길이가 5.5 킬로미터이다. 매물도는 대매물도와 소매물도, 썰물 때면 소매물도와 뭍으로 이어지는 등대섬 등으로 이루어져 있다. 섬 모양이 군마의 형상을 하고 있어 '마미도'라 불렀는데, 경상도 방언의 'ㅏ'가 'ㅐ'로 발음되는 경향 때문에 '매물도'가 되었다고 한다.

소매물도는 1870년경 김해 김씨가 소매물도에 가면 해산물이 많아 굶지 않는다는 말을 듣고 거제에서 입주하여 정착했다는 섬이다. 옛날 진시황제의 사신 서복이 장생불사할 불로초를 구하러 왔다가 서시과차徐市過此란 글을 썼다는 글씽이굴을 비롯해, 촛대바위, 남매바위, 병풍바위, 용바위 등 기이한 모양으로 눈길을 잡아끄는 기암괴석이 많다. 근해에서는 가자미, 도미 등이 잡히며, 자연산 김, 미역, 조개류 등이 채취된다.

짙푸른 바다 위에 우뚝 솟은 기암절벽, 깎아지른 해벽에 홀로 서 있는 하얀 등대, 섬을 부드럽게 감싸 안듯 휘감는 해무海霧, 파도가 부딪치며 뿜어대는 물보라와 하얀 포말이 이루는 장관은 한 과자 CF에 등장해 유명해진 정경으로 영화와 드라마 촬영지로도 많이 알려져 왔다. 특히 소매물도 정상에서 바라보는 등대섬과 바다 풍경은 일품이다. 주변에 우거진 동백나무 너머로 바라다보이는 푸른 바다는 우리나라뿐만 아니라 세계적으로도 이 같은 절경이 있을까 하는 감탄사를 터뜨리기에 충분하다. 등대섬에서 바라보는 소매물도의 풍경은 기암괴석이 이리저리 만들어낸 형상이 마치 거대한 공룡이 앉아 있는 모습이다. 이를 향해 바다가 물결치면 마치 공룡이 바다를 향해 헤엄치는 듯하다. 백석 시인의 시에서처럼 "자다가도 일어나 바다로 가고 싶은 그곳", 바로 통영이다. ☼

섬의 모양이 군마의 형상을 하고 있어 마미도라 불렀는데,
경상도에서는 'ㅏ'가 'ㅔ'로 발음되는 경향으로 인해 매물도가 되었다고 한다.

일명 등대섬이라고 불리는 소매물도

1년에 백만 명이 다녀가는 거제의 또 다른 섬, 외도
KOREA | 048 | GYEONGSANGNAM-DO

한 해 백만 명이 방문하는 거제도의 명물 외도는 개인 소유의 섬이다.

한국에서 제주도 다음으로 큰 섬, 거제도. 10개의 유인도와 52개의 무인도로 이루어진 경상남도 거제시의 본도다. 해안은 크고 작은 곶과 섬, 익곡溺谷으로 구성돼 있고, 곳곳에 여차몽돌해변, 학동몽돌해변, 명사해수욕장, 구조라해수욕장 등이 있다. 내륙 쪽으로는 가라산585m, 계룡산566m, 노자산 565m 등의 산지가 발달해 바다와 산이 절경을 이룬다.

인근 바다에는 거제 해금강을 비롯, 한려해상국립공원의 아름다운 경관이 펼쳐져 있다. 1971년 개통된 거제대교, 1999년 개통된 제2의 거제대교인 신거제대교 덕분에 육지와의 통행이 원활해져 많은 사람들이 찾을 수 있게 되었다. 동백축제, 해변축제, 고로쇠약수제, 옥포대첩기념제전 등 갖가지 축제가 계절별로 벌어지는 등 다양한 볼거리가 넘치는 관광명소로 거듭나고 있다.

'바다의 금강'이라고 불리는 해금강을 빼놓고는 거제를 말할 수 없다. 해금강은 갈곶 해안의 끝에 위치하며, 거제에서 가장 높은 노자산이 바다와 마주하고 있다. 두 개의 큰 바위섬이 서로 맞닿아 있는데, 이 풍경이 금강산의 해금강을 연상시킨다 해서 이름 붙여졌다. 산줄기가 삐죽 튀어나와 이루는 섬의 형태가 마치 칡뿌리처럼 생겼다는데서 따온 원래 이름은 '갈도葛島, 칡섬'였다. 갈곶에서는 해금강의 비경을 둘러볼 수 있는 유람선이 다닌다. 사자바위와 일월봉, 돛대바위, 신랑각시바위, 거북바위, 미륵바위 등 거센 파도와 부딪히며 자연적으로 만들어진 기기묘묘한 모양의 암석들이 바다 위에 터 잡고 있다. 파도가 잔잔한 날에는 특히 신비로운 절경을 자랑하는 십자동굴의 끝까지 당도하는 행운을 얻을 수도 있다. 거대한 암석 두 개가 서로 맞닿아 동굴을 이루는데 그 사이로 비치는 한 줄기 햇살이 마구 쏟아지는 태양빛보다도 더 환하게 아름답다.

　　60여 개의 섬이 가지각색의 절경을 뿜어내며 발길을 잡는 와중에도 거제에 왔다면 외도를 놓치고 갈 순 없다. 한려해상국립공원에 속하며 거제도에서 4킬로미터 떨어진 곳에 있다. 해안선 길이 2.3킬로미터, 해발 80미터의 기암절벽에 둘러싸여 있는 외딴섬으로 원래는 전기나 전화도 들어가지 않는 곳이었는데, 한 개인이 사들여 농원으로 개발했다. 드라마나 영화에서 숱하게 등장하는 외도의 아름다운 풍경은 1976년 관광농원으로 허가받고 4만 7천 평을 개간하여 1995년 외도해상농원으로 개장한 이후, 많은 관광객을 불러 모으고 있다. ‘자연 그대로’의 풍경과는 달리 ‘잘 정비된’ 외도의 풍경은 거친 자연의 모습을 간직하고 있는 주변의 무수한 섬들과 어우러져 색다른 매력을 발산하고 있다. 인공의 느낌이 싫다고 해도, ‘우리나라에도 이런 섬이 있구나’ 하고 놀랄 만큼 아름답게 꾸며진 섬이다. 특히 섬에 들어서자마자 하얗게 칠해 놓은 곳곳의 건물과 이어지는 벽들이 이국적인 풍경을 선사한다. 외도 전망대로 올라가는 길가 양쪽에는 쉽게 볼 수 없는 열대식물들이 만발해 있다. 꾸며진 섬 외도를 등지고 바라보는 탁 트인 거제의 에메랄드 빛 바다는 인공의 외도와 자연의 돌섬들이 어우러져 빚어내는 더욱더 풍요로운 거제 여행을 증명하고 있다. ▢

위 │ 다양한 수종의 꽃과 나무들이 들어선 외도해상농원
아래 │ 해발 80m의 기암절벽 위에 인공적으로 조성된 해상농원

위 | 베르사유 정원만큼이나 아름다운 외도해상농원
아래 | 그리스 미코노스 섬처럼 하얀 색과 푸른 색이 인상적인 외도의 길

세상의 모든 것을 품어주는 어머니의 산, 지리산

백두대간의 명산, 지리산은 '어리석은 사람이 머물면 지혜로운 사람으로 달라진다'하여 지리산智異山이라 불렸다.
사진은 지리산의 가을 풍경

백두대간 끝자락에 위치한 지리산1,915m은 '자연과 시간이 시작되는 곳'이라는 대한민국 최고의 명산이다. 백두대간이라 함은 민족의 영산 백두산에 으뜸을 나타내는 산줄기인 대간이 합쳐진 말이다. 다시 말해, 백두산에서 시작한 물줄기가 지리산에 이르기까지 한 번도 잘리지 않고 이어져 한반도의 가장 큰 국토 줄기를 형성하는 산줄기를 뜻한다. 거리로는 무려 사천 리로 1,625킬로미터나 된다.

그 백두대간의 끝자락에 '지혜로운 이인異人의 산'이라는 지리산이 있다. 지리산이 예로부터 '도'를 닦기 위한 은자들이 많이 모여드는 산으로 이름나 있는 이유다. 백두산의 맥이 흘러내려와 솟아 있다 해서 두류산, 태조 이성계의 개국을 반대해서 반역산 또한, 금강산, 한라산 등과 함께 방장산이라고 불리기도 했다. 민족 신앙의 영지로 어떤 산보다 신비로운 기운을 가득 담고 있다. 천왕봉1,915m, 반야봉1,732m, 노고단1,507m의 3대 주봉을 중심으로 1,500미터가 넘는 20여 개의 봉우리가 지리산의 웅장한 능선에 펼쳐져 있다. 또 칠선계곡, 한신계곡, 대원사계곡, 피아골, 뱀사골 등 큰 계곡들이 있으며, 지리산 산세 곳곳에는 아직도 이름을 얻지 못한 봉우리나 계곡도 많다.

지리산은 3개도경상남도, 전라남북도, 4개 군, 15개 읍면의 행정구역이 속해 있으며, 전국의 20개 국립공원 중 가장 면적이 넓다. 천왕봉에서 노고단에 이르는 주능선의 거리가 25.5킬로미터, 둘레는 320여 킬로미터나 된다. 2박 3일 이상 시간적 여유를 가지고 종주해야

지리산을 제대로 느낄 수 있다.

보통 종주는 화엄사에서 노고단-연하천-벽소령-장터목-천왕봉을 지나 대원사 방향으로 하산하는 코스를 말하지만, 대부분의 사람들이 성삼재에서 노고단으로 오른 후 천왕봉을 지나 중산리로 하산하는 코스를 많이 이용한다. 지리산의 최고봉인 천왕봉의 일출을 두 눈으로 확인해본 적이 있는가. 누구에게나 열려 있는 지리산이지만, 천왕봉 일출만은 아무에게나 허락하지 않는다. 변화무쌍한 기상 때문에 "천왕봉 일출을 보려면 삼대가 덕을 쌓아야 한다"라는 말이 있을 정도로 하늘의 별 따기나 마찬가지다.

최근에는 지리산 둘레길이라 하여, 지리산 둘레의 남원, 구례, 하동, 산청, 함양 5개 군의 80여 개 마을을 잇는 300여 킬로미터의 장거리 도보길 여행도 주목받고 있다. '사람과 생명, 성찰과 순례의 길'이라 이름 붙여진 이 길은, 지리산 둘레를 잇는 길에서 만나는 마을과 자연, 역사와 문화, 그리고 사람들을 '잇고 보듬는' 길이다. 수직의 험한 산세를 오르는 종주의 정석과는 또 달리, 수평의 둘레를 천천히 걸으며 마주치는 자연과 사람들을 눈과 마음에 담는 것이다. 지리산은 우리 머릿속에 들어 있는 단지 '크고, 깊고, 넓은 산'이라는 정의만으로는 설명이 안 된다. 몇 번이고 직접 오르고, 밟고, 걸을 때 비로소 품은 매력을 제대로 느낄 수 있는 대한민국의 자랑, 명산 중의 명산이다. ○

크고 작은 산들로 이뤄진 백두대간, 그 중에서도 지리산은 어머니의 품처럼 우리의 영원한 안식처이다.

지리산 청학동에 위치한 삼성궁

산이 높은 만큼 산주름도 많이 품고 있는 지리산

하늘에서
본
대한민국

GYEONGSANGBUK-DO
경상남도

유치환이 사랑한 심해선 밖의 한 점 섬 울릉도

우산국으로 시작한 울릉도의 역사는 신라 이사부에게 점령된 뒤 우릉도, 무릉도로 불리다가 1915년 지금의 울릉도로 명칭이 바뀌면서
경상북도에 편입됐다. 사진은 울릉도의 중심인 저동항과 바다에서 밤새 조업을 하는 오징어배

"동쪽 먼 심해선 밖의 한 점 섬 울릉도로 갈 거나 / 금수로 굽이쳐 내리던 장백의 멧부리 방울 뛰어 / 애달픈 국토의 막내 너의 호젓한 모습이 되었으리니."

청마 유치환의「울릉도」라는 시를 머릿속에 떠올리며 거친 파도가 넘실대는 심해선 밖의 한 점 섬 울릉도로 힘차게 달려갔다. 바람이 불고 날씨가 궂어 고속 페리가 일정하게 궤적을 그리지 못하고 술 마신 사람처럼 좌우로 비틀거리며 힘겹게 섬으로 조금씩 다가선다. 선수에 의해 갈라지는 동해의 푸른 바다와 쪽빛 바람이 섬에 대한 신비감과 호기심을 더욱 불러일으킨다.

쉴 새 없이 출렁이는 사백 리 풍랑 길을 3시간 남짓 달리면 그리움으로 가득 찬 외로운 섬 울릉도에 도착한다. 섬 전체가 화산 작용으로 생겨난 이곳엔 984미터나 되는 성인봉이 낯선 사람들을 제일 먼저 반긴다. 우산국으로 시작한 울릉도의 역사는 신라 이사부에게 점령된 뒤 우릉도, 무릉도로 불리다가 1915년 지금의 울릉도로 명칭이 바뀌면서 경상북도에 편입됐다. 지석묘, 민무늬토기, 갈돌, 갈판 등이 발견된 것으로 보아 울릉도에는 청동기나 철기시대부터 사람이 살았던 것으로 추정된다. 울릉도가 문헌에 등장한 시기는 신라 지증왕 13년인 512년으로 기록돼 있다.

청마 유치환이 자신의 고향 경남 거제도보다 더 사랑한 울릉도는 연중 무상일수가 50일밖에 안 될 정도로 날씨가 험상궂어 뭍사람들의 발길을 그리 쉽게 허락하지 않는다. 그러나 어머니 품처럼 따뜻하게 감싸 안은 도동항이나 저동항에 무사히 발을 내딛는 순간, 순박한 울릉도 특유의 따뜻함이 마음을 달래준다. 항구에서는 오징어들이 가을 햇살에 몸을 말리고 있고, 눈부신 하늘 밑에서는 부지깽이나물섬쑥부쟁이, 해국, 국화 등의 아름다운 구절초들이 한가로이 낮잠을 즐기고 있다. 650여 종의 식물과 천연기념물인 흑비둘기를 비롯한 수많은 동물이 원시림 속에서 살아가며 태고의 신비를 그대로 보여주는 곳이 바로 울릉도다.

우리나라에서 독도 다음으로 가장 먼저 태양을 맞이하는 울릉도의 아침 풍경은 말로 설명할 수 없을 만큼 감동적이다. 특히 밤새 동해에서 오징어를 잡은 배들이 방금 솟아오른 태양을 등지고 저동항으로 하나둘씩 모여들기 시작하면 만선의 기쁨을 축하하듯 하늘에선 갈매기들이 멋진 춤사위를 연출한다. ☖

수정처럼 맑고 깨끗한 울릉도 바다

저동항에서 바라본 일출

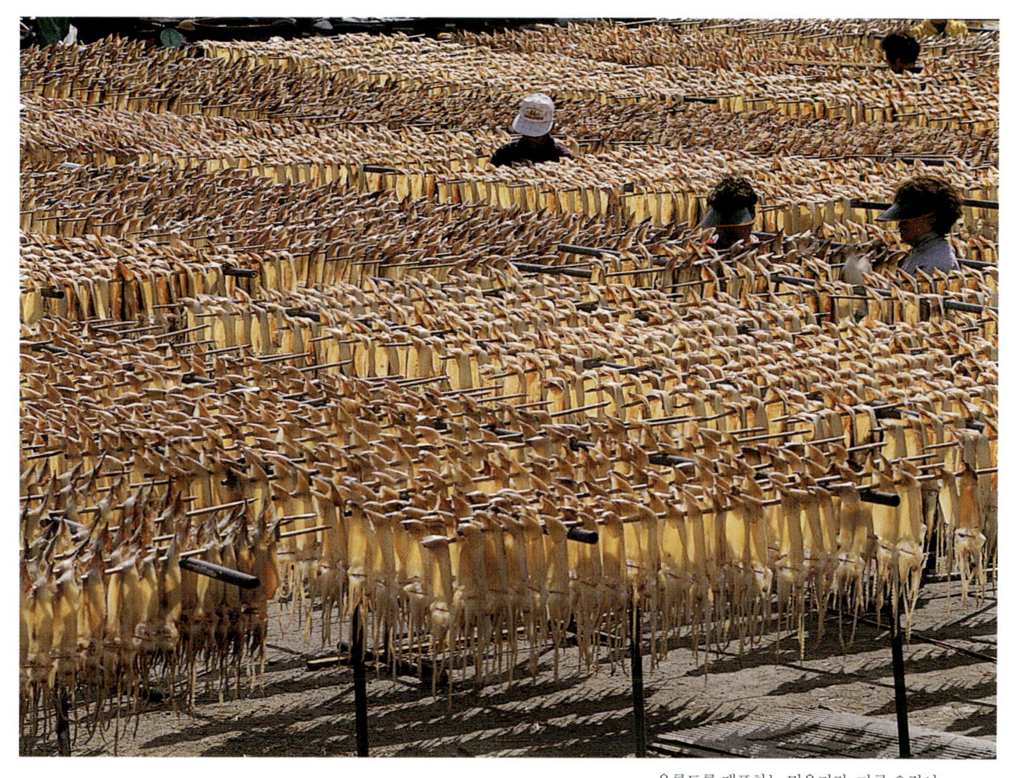

울릉도를 대표하는 먹을거리, 마른 오징어

한민족의 늠름한 기상이 스며 있는 독도

KOREA | 002 | GYEONGSANGBUK-DO

우리나라 가장 동쪽에 위치한 독도는 울릉도에서 87.4km 떨어져 있으며, 동도와 서도로 이뤄진 화산섬이다.

짙은 해무에 휩싸인 독도의 멋진 모습

여명이 밝아오기 전에 푸른 빛의 옷을 입은 독도

"대한민국 동쪽 땅끝, 휘몰아치는 파도를 거친 숨결로 잠재우고 우리는 한국인의 얼을 독도에 심었노라!" 우리에게 독도는 그냥 '섬'이 아니다. 지켜내야 할 땅이자, 살려내야 할 역사, 그래서 '한국인의 얼'이다. 독도준공기념비에 새겨진 위의 말처럼 말이다. 우리 땅을 우리 땅이라고 인정받는 길이 참으로 멀고 험하다. 그 싸움은 아직도 계속되고 있다. 그래서 우리 모두에게 이름만으로도 아픈 섬, 독도는 저를 둘러싼 바깥세상의 이 이전투구를 아는지 모르는지 홀로 창창히도 아름답다. 2005년 3월 17일 일반인에게도 독도 방문이 전면 허용되면서 누구든 이 아름다운 섬에 한 발짝을 들일 수 있게 됐다.

독도는 울릉도에서 동남쪽으로 87.4킬로미터 떨어진 화산섬이다. 동도와 서도, 2개의 큰 섬과 주위에 89개의 바위섬으로 이루어져 있다. 독도의 원래 이름은 삼봉도三峰島, 가지도可支島, 우산도于山島 등으로도 일컬어졌다. 그 후 울릉도 개척 당시의 입주민들이 처음에는 돌섬이라고 하였는데, 이것이 독섬으로, 다시 독섬으로 변했다고 한다. 이를 한자로 표기하면서 독도가 됐다.

독도의 동도 지역에는 유인등대를 비롯한 해양수산시설이 대부분이다. 현재 독도를 지키는 경비대와 등대관리원이 상주하고 있다. 우리가 독도의 모습을 머릿속에 그릴 때 떠오르는 바다 위 한가운데 우뚝 서 있는 초록의 바위와 원형의 중앙부가 움푹 꺼진 그 섬의 모습이 바로 동도다. 동도 선착장에 내리면 바위 절벽으로 지그재그 계단길이 놓여 있다. 그 앞은 독도 의용수비대원들이 생활할 당시 칼을 갈았다는 곳으로 바위의 암질이 숫돌과 비슷하여 이름 붙은 '숫돌바위'가 우뚝 서 있다. 마을을 지키는 수호신인 장승처럼 동도 입구에 선 모습이 늠름하다. 눈이 시리도록 푸른 바닷물이 그 아래로 감싸든다.

한편, 서도에는 김성도 씨 부부가 1991년 이래로 생활하는 민가가 있다. 주소: 경상북도 울릉군 울릉읍 독도리 20-2번지 이렇게 해서 독도의 주민등록인구는 총 4명으로 김성도, 김신열 부부와 독도 등대원인 엄태명, 하호규가 등재되어 있다. 또, 서도에는 코끼리바위, 탕건봉 등 기기묘묘한 모양의 바위들이 즐비하다.

섬 전체가 천연보호구역으로 지정된 독도가 어느 곳보다도 풍성한 황금어장이라는 것은 이미 널리 알려진 사실이다. 북한한류와 대마난류계의 흐름이 교차하는 해역으로 플랑크톤이 풍부하고, 회유성 어족이 많아 좋은 어장을 형성한다. 독도는 화산암체로 이루어져 있는데다 건조한 토양임에도 불구하고 인적이 드문 탓에 50~60종의 식물들이 자생하고 있다. 또 바다제비, 슴새, 괭이갈매기 등 희귀 조류들의 중간 서식지가 되기도 한다. 별도의 독립생태계 지역으로 분할할 수 있을 정도로 특유의 생태계를 구성하는 독도, 하나의 아름다운 생태계 그 자체인 독도를 우리가 오롯이 지켜내야 할 이유다. ▢

위 | 울릉도에서 바라다 본 독도는 한 점의 섬으로 보인다.
아래 | 독도 뒤로 해가 지려고 하자 바다에 나갔던 갈매기들이 둥지가 있는 독도로 돌아가고 있다.

푸른 빛을 가득 품은 독도의 새벽 풍경

하회마을의 양진당은 서애 류성룡의 형 겸암 류운룡의 집으로 매우 오래된 풍산 류씨 종가이다.

'접빈객 봉제사接賓客奉祭祀', 손님을 접대하고 조상의 제사를 받드는 것이 평생의 업인 유교 사상을 21세기에도 그대로 구현하는 곳이 있다. 양반, 그리고 선비의 마을로 유명한 안동 하회마을이 그 주인공이다.

하회河回, 물줄기가 마을을 휘감아돈다 하여 이름 붙은 이 마을은 대한민국 어느 곳보다도 우리 옛 전통의 향기가 물씬 배어나는 곳이다. 옛 모습을 고스란히 간직한 이 마을은 조선시대 성리학자 서애 류성룡의 후손인 풍산 류씨의 고향으로 알려졌다. 지금도 풍산 류씨를 비롯해 광주 안씨, 김해 허씨 등의 종친들이 모여 살고 있다. 안동 하회마을은 마을 전체가 세계문화유산으로 지정됐을 만큼 전래 문화유산이 잘 보존된 곳이다. 이제 아무리 개발이 덜 된 시골에서라도 쉽사리 발견할 수 있는 아스팔트 포장 도로나 세련되게 정돈된 건물의 외벽은 이곳에서만큼은 찾아볼 수 없다. 대신 골목골목 투박한 토담과 서걱서걱 흙 밟히는 언덕길이 구불구불 드리워져 있다.

'물도리동'이라고도 불리는 하회마을은 연화부수형으로 마치 연꽃이 물 위에서 꽃을 피운 듯한 형상이다. 조선시대 내로라하는 양반가의 터전이어선지, 마을 자체에서 품격과 기품이 고풍스럽게 묻어난다. 마을을 감싸는 듯, 혹은 마을이 품은 듯 굽이굽이 평화로운 산천의 형세가 이곳을 둘러싸고 있다. 뻗거나 내리꽂는 직선의 딱딱함이 아니라 낮은 곡선이 주는 고즈넉함이 정이 많은 류씨 가문의 기품을 닮았다.

주차장에서 길을 따라 마을로 들어서면 제일 먼저 눈이 가는 곳이 풍산 류씨의 대종택인 양진당과 서애 류성룡 선생의 종택, 충효당이다. 이 중에서도 나라에 충성하고 부모에 효도할 것을 늘 강조하시던 서애 선생의 뜻을 받들어 이름 지은 충효당에 들어서면 마당에서 제일 먼저 객을 맞이하는 나무 한 그루가 있다. 영국 엘리자베스 여왕의 방문을 기념해 심은 구상나무다. 대문을 들어서면 반듯하고 단정한 사랑채가 선비의 품격을 드러내며 서 있다. 충효당은 40여 년의 청렴한 관직 생활로 이름난 서애 선생의 품격이 묻어나는 듯, 전체적으로 화려하지 않고, 단정하며 정갈하다. 종택에 들어서서 옮기는 한 걸음 한 걸음이 자신도 모르게 조심스럽고 고요해지는 이유는 이 때문이다. 옛것을 고집스럽게 간직한 마을 구석구석이 문화재요, 시대의 흔적인 하회마을은 조선시대의 풍류와 멋을 느낄 수 있는 야외박물관이다. ○

양반 문화를 대표적으로 잘 보여주는 안동 하회마을

2010년 유네스코에 의해 세계문화유산으로 지정된 안동 하회마을의 전경

선비 정신을 엿볼 수 있는 병산서원과 도산서원

도시의 '속도'가 질리는 순간은 누구에게나 찾아온다. 빠른 속도의 편리함이 답답함으로 느껴지는 순간, 그곳을 잠시라도 벗어나지 않고는 견디기가 힘들어진다. 그럴 때 찾아야 하는 테마 여행지가 있다. 바로 안동의 서원이다. 서원은 조선 중기 이후 명현明賢을 제사하고 인재를 키우기 위해 전국 곳곳에 세운 사설기관을 말한다. 조선시대 훌륭한 유학자들은 다 이곳을 통해 배출됐다고 할 수 있다. 고요하면서도 소박한 선비의 생활상을 눈과 마음으로 체험하면서 '느림의 미학'을 그대로 마음에 담아 보는 것이 서원 여행의 주목적이다. 안동 서원 여행의 백미는 서애 류성룡의 병산서원과 퇴계 이황의 도산서원이다. 우선 경북 안동시 풍천면 병산동에 위치한 사적 제260호 병산서원을 빼놓고는 서원 여행을 논할 수 없다. 한국 서원 건축의 백미로 꼽히는 이곳은 고려 말 풍산현에 있던 풍악서당을 전신으로 선조 5년인 1572년에 서애 류성룡이 옮겨 와 풍산 류씨의 사학이 된 곳이다. 철종 14년인 1863년 '병산'이라는 사액을 받아 사액사원으로 승격됐다. 이후로도 많은 훌륭한 학자를 배출했으며, 대원군의 서원철폐령에도 굳건히 남은 47개 서원 중 하나이기도 하다.

당대 서원 건축의 모범으로 불릴 만큼 빼어난 솜씨로 지어진 병산서원은 들어서는 길목의 풍경부터 남다르다. 청색의 낮은 기와지붕, 그 너머로 파란 하늘에 둥실 떠 있는 새하얀 구름이 한 폭의 동양화를 연상케 한다. 소박한 앞마당으로 난 길 양옆의 초록 융단과 길목 따라 줄지어진 남도의 꽃 배롱나무의 자줏빛 이파리들이 빚어내는 고운 조화는 병산서원으로 가는 여행자의 심장을 설렘으로 두방망이질 치게 한다. 특히 가장 높은 곳에 위치한 만대루에서 내려다보이는 정경은 병산

서원 나들이의 정점을 찍는다. 발아래 피어 있는 배롱나무 꽃과 그 너머로 아기자기하게 늘어선 기와지붕들, 그 앞으로 흐르는 낙동강과 강변으로 난 푸른 산의 정경은 한시 한 수를 벗삼아 물아일체를 노래했을 선비의 심정이 돼 보기에 충분하다.

서애의 숨결이 스민 병산서원을 등지고 30킬로미터 정도 북동쪽으로 달리면 퇴계 선생이 후학을 양성하며 노년을 보낸 도산서원을 만나게 된다. 병산서원과 더불어 우리나라에서 가장 유명한 도산서원은 말로 더 설명이 필요 없을 정도로, 퇴계의 이름만큼이나 널리 알려진 곳이다. 도산면 토계리에 있는 도산서원은 1574년 이황의 학덕을 추모하기 위해 그의 문인과 유림이 세웠다. 원래는 이황이 도산서당을 짓고 유생을 가르치며 학덕을 쌓던 곳이다. 1575년 한호의 글씨로 된 사액을 받음으로써 영남 유학의 연총淵叢이 되었다. 비탈진 언덕을 따라 들어선 여러 채의 한옥건물에서 도산서원의 매력을 느낄 수 있다. 만약 여행 중에 운이 좀 따라준다면 도산서원이 자랑하는 제례의식을 볼 수 있다. 퇴계 후손들이 봄과 가을에 선생을 위해 사흘 동안 치르는 전통 제례의식이며, 도산서원의 가장 대표적인 문화의식이다. 이처럼 조선시대 선비의 마을 안동에 있는 서원들은 600년이라는 세월의 흐름 속에서도 변함없는 철학을 간직하며 현대인들에게 그 가치를 일깨워주고 있다. ¤

병산서원은 고려 말까지 풍산 류씨의 사학 교육기간이었던 '풍악서당'을 서애 류성룡이 현재의 위치로 옮긴 것이다.
또한 병산서원은 대원군의 서원철폐령에 훼철되지 않고 남은 47개 서원중의 하나이다.

위 | 가을 단풍과 잘 어우러진 도산서원의 전경
아래 | 도산서원은 퇴계 선생의 유덕을 기리기 위해 1년에 두 번 향사례 享祀禮를 올린다.

위 | 서애 류성룡 선생님의 선비정신이 묻어나는 병산서원 전경
아래 | 병산서원 여행은 아침 일찍 가는 것이 좋다. 봄 가을 일교차가 심할 때 가면 안개에 휩싸인 만대루를 감상할 수 있다.

지촌종택은 숙종 때 대사간을 지낸 지촌 김방걸 선생의 종택으로 340여 년의 역사를 지니고 있다.

우리나라 전통 건축의 진수를 보여주는 안동 한옥

KOREA | 005 | GYEONGSANGBUK-DO

　　우리의 전통 가옥인 한옥韓屋은 이제 찾아가서 구경해야 하는 관광지가 됐다. 그만큼 우리의 일상생활에서는 자취를 찾기 어렵게 됐다는 말이다. 그러나 한옥은 난방을 위한 온돌과 냉방을 위한 마루가 균형 있게 결합한 구조를 갖춘 세계적으로도 유례없는 기능성 공간이요, 외부의 에너지를 빌리지 않고 최대한 자연에 동화돼 설계한 환경 친화적 건축으로 새롭게 주목받고 있다. 또 무엇보다도 아름답다. 이러한 한옥의 명맥을 그 어느 곳보다도 전통 그대로 이은 안동은 한옥 여행 최적의 장소다. 수십 채가 잘 보존된 안동에서 가장 아름다운 한옥은 내앞종택과 지촌종택이다. 우선 안동 시내에서 동쪽으로 반변천을 따라 10킬로미터쯤 가다 보면 왼쪽에 고풍스러운 한옥들이 줄지어 나타난다. 안동시 임하면 천전리, '내앞마을'이다. 이곳은 5백 년째 대를 이어 살아온 의성 김씨 집성촌이다. 이곳에 서애 류성룡과 영남학파의 양대 산맥을 이뤘던 학봉 김성일을 배출한 의성 김씨 '내앞종택'이 있다. 내앞 김씨 중 시조인 김진이 터를 잡았던 내앞종택은 총 55칸의 단층 기와집이다. 애초의 집이 선조 때 불이 나서 학봉이 직접 새로 지었는데 건물 배치가 독특하다. 이 가옥은 口자형 안채와 一자형 사랑채가 행랑채와 기타 부속채로 연결되어 집의 전체적 배치는 巳자형 평면을 이룬다. 보통 한옥과는 달리 솟을대문이 없다.

　　이 집의 명물은 따로 있다. 바로 '산실'이다. 사랑방 툇마루에서 안채 출입구로 들어서면 바로 나오는 방인데, 여기서 임신하거나 출산하면 비범한 인물이 나온다고 하여 지금까지도 임신부들의 예약 요청이 줄을 잇는다고 한다. 학봉도 여기서 태어났는데 그래서 이 방의 이름이 '학봉태실'이다. 각각의 방들 사이를 지나다 우연히 안대청 위 시렁이 눈에 들어온다. 시렁 위에 손님들을 위한 1인용 소반들이 빼곡하다. 문간이 닳도록 드나드는 손님을 접대하는 일이 일상이었을 종갓집 아낙네들의 고단한 삶이 헤아려지는 장면이다.

내앞마을에서 임하댐을 건너 좀 더 깊은 산속으로 파고들면 세상을 등지고 무위자연 속에서 사는 지촌종택을 만나게 된다. 춘양목으로 지어진 고택의 문은 모진 풍파를 겪어 온 세월의 깊이만큼 넉넉한 자태로 사람들을 맞이한다. 대문에서는 종택의 완전한 모습을 볼 수 없지만 열 걸음만 안으로 들어가면 아름다운 종택이 말간 햇살을 받으며 조용히 움츠리고 있다. 행랑채, 사랑채, 별당, 안채, 서원, 사당 등 10채의 전통 가옥이 한국 건축의 백미를 자랑하는 이곳은 숙종 때 대사간을 지낸 의성 김씨 지촌 김방걸선생의 종갓집으로, 1663년에 건립돼 대략 340여 년의 역사를 가지고 있다. 임하댐이 생기면서 1989년에 지금의 자리로 이주했으며, 본채는 홑처마 팔작지붕 기와집으로 口자형이다. 정면 5칸 측면 5칸의 본채와 사당, 방앗간, 별묘, 곳간, 문간채 등이 있으며 지촌 선생의 정신을 기리기 위해 후학들이 세운 지산서당도 있다. 현재는 13대 종손이자 시인인 김원길 선생이 아버님을 모시며 어려운 종가 살림을 꾸리고 있다. 이처럼 안동의 양반가옥은 주택의 기능뿐만 아니라 예술적인 가치에서도 뛰어난 건축물이 많이 남아 있다. 건축물의 특징과 아직도 고스란히 보존되어 있는 갖가지 소품들을 통해 그 시대의 생활상, 삶의 방식을 그대로 보고 느낄 수 있다. 한옥 여행, 이보다 더 나은 역사책이 있을까. ⌑

종택은 행랑채, 사랑채, 별당, 안채, 서원 등 10채이며, 건물의 배치는 조선시대의 전형적인 종가 양식을 보여주고 있다.

별당의 작은 문을 열면 아름다운 산과 강의 풍경이 마음을 정화시켜준다.

의성 김씨의 내앞종택은 앞뒤로 탁 트인 대청마루가 인상적인 고택이다.

솟을대문을 열고 들어가면 올곧은 선비의 정신이 느껴진다.

엘리자베스 여왕이 다녀간 천년의 절집 봉정사

영국 엘리자베스 여왕이 방문한 봉정사는 우리나라에서 가장 오래된 목조건물 '극락전'이 있는 곳이다.

　"오래된 것은 아름답다. 거기에는 세월의 흔적이 배어 있기 때문이다. 그 흔적에서 지난날의 자신을 되돌아볼 수 있다" 법정 스님의 말이다. "오래된 것은 아름답다"라는 말을 가장 잘 표현하고 있는 곳은 어디일까. 현존하는 최고의 목조건물을 자랑하는 안동 봉정사는 그 역사의 깊이에서부터 이미 법정 스님이 말한 '오래됨'의 지위를 획득했다고 볼 수 있다. 그렇다면 이제 그 오래된 세월의 흔적이 얼마나 아름다운지 눈으로 직접 확인할 차례다.

　경북 안동시 서후면 천등산에 위치한 봉정사는 고운사의 말사다. 문무왕 12년인 672년 의상 대사가 창건했다는 설과 의상 대사의 제자인 능인이 창건하였다는 설이 함께 전해진다. 봉정사 측에서는 "봉정사는 능인 스님께서 창건하신 사찰"이라고 전한다. 봉황이 머물렀다는 전설에 따라, 봉황새 봉鳳자에 머무를 정停자를 따서 봉정사라 명명했다. 불행하게도 창건 이후 사찰 역사에 대한 자료 대부분은 한국전쟁으로 소실되어 전해지지 않고 있다. 다만, 1972년 봉정사 극락전을 해체하고 복원하는 공사를 진행할 때 상량문에서 고려시대 공민왕 12년인 1363년에 극락전을 중수하였다는 기록이 발견되어 봉정사 극락전이 현존하는 최고의 목조건물로 인정받게 됐다.

　1999년 영국의 엘리자베스 여왕이 직접 방문해 아름다운 사찰이라며 감탄해 마지않았던 봉정사. 그 경내에는 보물 제55호인 대웅전과 국보 제15호인 극락전, 고금당, 화엄강당, 양화루, 동암, 서암, 덕휘루 등의 중요 건축물과 고려시대의 대표적 석탑인 삼층석탑이 있다.

봉정사 경내의 많은 건물이 세월의 무게에 못 이겨 스러지고 변화되어 옛 자취를 많이 잃었다고 아쉬워하는 사람들이 많지만, '오래된 것의 아름다움'은 오히려 곳곳의 작은 것들에서 발견되곤 한다. 극락전의 주두에서처럼 말이다. 주두株頭란 기둥머리에 놓이는 목침과 같이 생긴 일종의 받침대로 처마를 받치고 있다. 극락전의 주두는 주두 굽의 단면이 굽 받침 없이 곡선을 이루고 있는데, 이 형식은 신라시대부터 사용되던 형식이라고 한다. 이 주두의 곡선이 홀로 천년의 세월을 유유히 받치고 있는 것이다.

봉정사 공덕당 툇마루에서는 절의 위용보다는 이웃집 같은 정겨움이 묻어난다. 오래된 나무 서까래와 황토색 흙벽이 따뜻하고 밝다. 창호지를 덧바른 문창살 앞으로는 고추를 널거나 주렁주렁 감을 매달아 놓기도 한다. 엘리자베스 여왕이 방문했다는 이 천년고찰은 우리들의 눈에 옛 향수를 불러일으키는 정겨움이 외국인에게는 감탄스러운 이국적 향취가 된다는 사실을 경내 곳곳에서 고요하게 일깨워주고 있다. 그래서인지 요즘에는 봉정사 이곳저곳에서 외국인들을 쉽게 접할 수 있다. 때마다 터지는 그들의 감탄사와 함께 오래된 것의 아름다움을 재확인한다. 인위적으로 만들어지지 않은 오래된 풍경, 그 아름다움을 접하는 것만으로도 우리는 이미 현재의 나보다 더 나은 사람이 될 수 있을지도 모른다. 오래된 흔적에서 지난날의 자신을 돌아보게 된다는 법정 스님의 말처럼, 앞만 보며 달려온 시간 동안 돌아보지 못했던 것들을 통해 새로운 지혜를 터득할 수 있게 되기 때문이다. 점점 번잡해져 가는 다른 사찰들과 달리 조용한 한국 산중 불교의 전통을 이어오고 있는 봉정사가 지닌 그 오래된 흔적의 고요한 아름다움 속에서 마음을 가다듬어 본다. ¤

고운사의 말사인 봉정사는 672년 의상 대사가 창건하였다는 설이 있다.

천년고찰다운 고즈넉함을 지닌 봉정사 전경

고려시대 공민왕 12년에 중수했다는 기록이 발견되면서 극락전은 현존하는 최고의 목조건물로 인정받게 되었다.

한국 화엄종의 근본도량인 부석사는 676년 의상 대사가 왕명을 받들어 창건한 절집이다.
사진은 국보로 지정된 석등이다.

은은한 달빛처럼 차분하고 고즈넉한 영주 부석사

천년의 세월은 처마 끝에 매달린 풍경만이 안다. 서산에 떠오른 은은한 달빛은 인고의 세월을 지나 오늘도 변함없이 안양루에 걸렸다. 삼라만상의 깊은 시름을 껴안은 바람이 부석사 마당으로 들어오면 계절 따라 꽃이 피고 진다. 스님들의 독경 소리에 새벽이 열리고 어고 소리에 만물이 하루를 시작한다. 천년의 꿈을 고스란히 간직한 고찰은 고독하다 못해 가슴이 시리다. 이것이 우리 절집의 풍경이다. 그럼 수많은 산사 중에서 가장 아름다운 곳은 어딜까? 부안 내소사, 강진 무위사, 청도 운문사, 화순 운주사, 서산 개심사, 승주 선암사 등은 우리나라 사람들이 뽑은 명사찰이자 자연과 조화를 가장 잘 이룬 전국 제일의 사찰들이다. 수백 개에 이르는 사찰 중에서 으뜸은 자연의 미, 산사의 미, 한국의 미 등의 수식어가 붙어 다니는 영주 부석사다. 그 어떤 수려한 형용사나 수식어로도 부석사의 절경을 표현할 수 없다. 봄이면 매화, 산수유, 철쭉 등이 피고 여름이면 백일홍이 경내를 풍요롭게 살찌운다. 가을이면 노란 은행나무와 단풍이 산사의 미를 한껏 돋우고 겨울이면 눈꽃으로 설국을 연출한다. 사계절 모양을 달리하는 부석사의 풍경은 화려함과 수려함보다는 은은한 달빛처럼 차분하고 고즈넉한 분위기를 보여준다.

좌청룡, 우백호의 배산임수 등 자연 풍수상 가장 빼어난 경치를 자랑하는 부석사는 한 해가 시작되는 1~2월의 석양이 가장 아름답기로 유명하다. 소백산 너머로 지는 붉은 태양을 감상할 수 있어 해 질 녘이면 많은 사람들이 무량수전으로 올라온다. 낮에 사찰을 찾는 것

이 일반적이지만 부석사만큼은 예외다. 무량수전 앞에서 펼쳐지는 태양의 축제가 사람의 눈과 마음을 황홀하게 만들기 때문이다. 특히 붉은 노을이 시나브로 사라질 때 고개를 돌려 하늘을 보면 수줍게 고개를 내민 휘영청 밝은 달이 석양의 여운을 달래준다. 모든 이들이 부석사의 노을빛을 사랑하지만, 무량수전 위에 걸린 달빛은 또 다른 부석사를 보여준다. 명성에 비해 규모가 작은 부석사는 눈부신 태양보다는 고독감과 외로움을 지닌 달빛이 더욱 어울리는 곳이다. 이처럼 겨울과 봄이 오가는 길목에서 만난 정월 대보름달은 부석사에서만 볼 수 있는 경이로운 자연이다.

무량수전은 천년 전의 찬란한 문화를 엿볼 수 있기에 사람들의 발길을 더욱 재촉한다. 우리나라에 남아 있는 목조 건물 중 무량수전은 그 아름다움이 가장 빼어나다. 숨 가쁘게 산중턱까지 올라와 안양루를 지나면 주황빛의 고운 단청으로 옷을 입은 무량수전이 편안하게 맞이한다. 더하고 뺄 것 하나 없는 완벽함으로 한국 고건축의 백미를 이룬 무량수전은 문창살 하나 문지방 하나에도 우리 선인들의 감성이 살아 숨 쉰다. 균형과 절제미를 가득 품은 추녀와 힘차게 내리뻗은 기둥의 조화는 말 그대로 산사의 미요 한국의 미다. 특히 해 질 녘 붉은 태양빛이 처마 밑까지 들이닥치면 주황색의 무량수전은 서방정토를 방불케 할 만큼 환상적인 분위기를 자아낸다. 신이 아니면 도저히 빚어낼 수 없는 고운 빛깔이 눈 속에 가득 차면 마음속으로 천년의 향기가 퍼진다. ◌

먹구름 사이로 햇살 몇 줌이 뿌려져 소백산을 더욱 운치있게 한다.

부석사는 불, 법, 승 등의 사찰은 아니지만 우리나라에서 가장 많은 사랑을 받고 있는 절집 중에 하나다.

하얀 눈이 내린 부석사 절집 지붕의 겨울

무량수전은 정면 5칸, 측면 3칸이며 단층 기둥 위에서만 공포를 짠 팔작지붕 주심포계 건물이다.

퇴계 선생이 사랑한 봉화 청량산

"청량산 육육봉六六峰을 / 아느니 나와 백구白鷗 / 백구야 헌ᄉᄒ랴 / 못미들손 도화桃花ㅣ로다/ 도화야 떠나지 마라 / 어주자魚舟子 알가 하노라"

퇴계 이황이 사랑했던 산이라는 '청량산', 태백산맥의 줄기인 중앙산맥에 솟아 있는 청량산은 경상북도 봉화에 있다. 송이버섯의 산지이자 영화 〈워낭소리〉의 촬영지로도 잘 알려진 봉화는 '작은 금강산'이라고 불렸을 만큼 빼어난 아름다움을 자랑하는 청량산으로 유명하다. 산 아래로는 낙동강이 흐르고, 물 흐르는 듯 펼쳐진 산세가 수려하다.

청량산을 주제로 위의 시를 쓴 퇴계 이황 선생은 어릴 적부터 청량산에 부형을 따라 들어가 학문에 정진하곤 했다고 전해진다. 그는 청량산을 '내가 학문적으로 일가를 이룬 산'이라는 의미로 오가산吾家山이라 불렀다. 퇴계가 노년 시절을 보냈던 도산서원에서 얼마 멀지 않은 이 청량산은 명실 공히 퇴계 학문의 본산인 셈이다. 화려하면서도 소박하고 은은한 청량산의 멋이 퇴계 선생의 학문과 많이 닮았다. 이름 그대로 청량하다. 이곳은 산의 정기가 맑아서 곳곳에 유서 깊은 유적지가 많다. 원효 대사가 창건한 유리보전琉璃寶殿, 신라시대에 창건한 응진전應眞殿, 최치원의 유적지인 고운대와 독서당, 공민왕이 홍건적의 난을 피해 은신한 오마대五馬臺와 공민왕당恭愍王堂, 공민왕이 쌓았다는 청량산성, 김생이 십 년간 글씨

를 공부하다 '김생필법'을 완성했다는 김생굴, 퇴계 이황이 수도하며 성리학을 집대성한 오산당청량정사 등이 대표적이다.

청량사의 부속건물인 응진전에서 총명수를 지나면 '어풍대'가 나온다. 그곳에서 바라다보이는 절집이 하나 있다. 663년 원효 대사가 창건한 청량사는 송광사 16국사의 끝 스님인 법장 고봉 선사에 의해 중창된 천년 고찰이다. 청량산 연화봉 기슭 열두 암봉 한가운데 자리 잡고 있다. 청량산에는 신라의 고찰인 연대사와 망선암 등 대소 27개소의 암자가 있어서 당시 신라 불교의 요람을 형성하기도 했지만, 조선시대 숭유억불정책으로 피폐하게 되어 현재는 청량사와 부속건물인 응진전만이 남아 있다. 청량사가 내청량이라면 응진전은 외청량이다. 응진전은 원효 대사가 머물렀던 청량사의 암자로 청량산에서 가장 경관이 수려한 곳이다. 또한 이 작은 절집은 종이로 만든 부처님, 지불紙佛이 유명하다. 유리보전에 모신 약사여래 부처다. 국내에서 유일한 지불로서 이곳에서 지극 정성으로 기도하면 병이 치유되고 소원을 성취할 수 있다는 전설이 전해진다. 지금은 이곳에 금칠을 했다. 탁 트인 너른 평지에 자리 잡은 사찰과는 또 다른 분위기를 물씬 풍기는 청량사. 신비로운 기운이 묻어나는 청량산과 그 중턱에 깊이 안겨 있는 청량사는 그래서 더 은은하고 깊은 멋이 있다. 퇴계의 깊은 학문의 본산, 청량산 산행이 왠지 모를 사색을 부르는 이유다. ¤

퇴계 선생이 즐겨찾았던 청량산은 산 아래로 낙동강이 흐르고 산세가 수려하여 예로부터 소금강이라 불렀다.

등산로를 따라 장인봉 정상에 오르면 발아래로 낙동강이 시원스럽게 펼쳐진다.

청량사에는 종이로 만든 지불紙佛이 모셔져 있다.

회재 이언적 선생의 고향, 경주 양동마을

야트막한 언덕위에 자리 잡은 관가정은 1514년에 건립되었다. 사랑채와 안채가 ㅁ자형으로 위치하고, 대문이 사랑채와 연결되어 있어 조선 중기의 남부지방 주택을 연구하는데 귀중한 자료가 되고 있다.

언덕 위에 세워진 관가정, 사진은 관가정에서 가장 아름다운 사랑채

　도시에서는 좀처럼 보기 힘들어진 전통 민속마을은 아이러니하게도 이제 도시에서 조금만 발길을 옮겨도 쉽게 찾아갈 수 있는 '관광지'가 됐다. 전통의 모습을 잃어가는 현대 사회에 전통 민속마을은 오히려 잘 꾸민 관광지로 더 주목받게 된 것이다. 전통 그대로를 잘 보전하거나 혹은 전통적인 느낌으로 잘 꾸며 놓아 유명해진 민속마을이 즐비하다지만, 그 와중에도 사람들이 잘 알지 못하는 보물 같은 민속마을이 경북 안강에 있다.

　전통 민속마을 중 가장 큰 규모와 오랜 역사를 가진 우리나라의 대표적인 반촌, '양동마을'이다. 기원전 4세기 이전부터 사람의 거주가 시작됐다고 전해지는 이곳은 경주 손씨와 여주 이씨 양성이 500여 년의 역사를 이어온 전통 마을이다. 한국 최대 규모의 대표적 조선시대 동성취락으로, 안동이 조선시대 상류주택인 기와집이 주를 이룬다면, 이곳은 상류주택을 포함해 일반 민중들의 초가집도 함께 마을을 형성하고 있다는 점이 색다른 볼거리다. 마을은 고색창연한 54호의 고와가古瓦家와 이를 에워싸고 있는 110여 호의 초가로 이루어져 있다. 양반가옥은 높은 지대에 위치하고, 낮은 지대에 있는 평민들의 주택이 양반가옥을 에워싸는 모습이 특이하다. 와가와 초가가 어우러져 펼쳐지는 풍경이 민속화의 한 장면에 서 있는 듯한 전통의 향기를 내뿜는다. 그 풍경화 속의 낮은 토담 길 사이를 걸으며 긴 역사의 향기를 맡아본다.

　양동마을은 우재 손중돈 선생, 회재 이언적 선생을 비롯하여 명공名公과 석학을 많이

배출해냈다. 조선 중기의 유명한 성리학자로 명성이 자자했던 회재 이언적 선생, 그리고 그의 스승인 청백리 우재 손중돈 선생의 자취는 양동마을 곳곳에 남아 있다. 보물 제442호 관가정觀稼亭은 마을 입구 좌측 언덕에 동남향으로 자리 잡고 있다. 이곳은 우재 손중돈 선생이 손소 공으로부터 분가하여 살던 집이다. 곡식이 자라는 모습을 보듯이 자손들이 커가는 모습을 본다는 뜻의 관가정은 격식을 갖추어 간결하게 지은 우수한 주택으로, 형산강이 한눈에 들어오는 경관이 일품이다. 특히 아래쪽에 배치된 하인들의 거처인 초가 4~5채의 잘 보존된 모습이 인상적이다. 본채에는 현재 사람이 살고 있지 않아 비어 있지만, 초가에는 손씨 후손들이 살고 있다.

보물 제412호 향단香壇은 회재 이언적의 집이었다. 이곳은 이언적이 경상감사로 있을 때, 모친의 병간호를 하도록 중종이 지어준 집이다. 낮은 언덕 위에 자리 잡고 있는 이 집은 상류주택답게 외견이 화려하고 과시적이다. 특히 마당을 앞에 둔 사랑채는 두 개의 나란한 지붕을 연결하여 풍판을 정면으로 향하도록 한 독특한 구조다. 향단은 화려하면서도 상류주택의 일반적 격식에서 과감히 탈피한 덕에 마을 전체에서 가장 눈에 띄는 볼거리다. 와가와 초가가 뒤섞인 전통마을의 형체가 그대로 보전돼 있고, 그 속에 역사의 '이야기'가 함께 흐르는 전통 민속마을, 양동마을 여행이 즐거운 이유다. ¤

우리나라 최대 전통마을인 양동마을은 세계문화유산으로 지정되었다.

향단이 있는 이 일대는 회재 이언적의 외척인 손씨들이 집성촌을 이루며 오랫동안 삶의 터전으로 삼았던 곳이다.

유네스코에 등록된 세계문화유산의 도시, 경주
KOREA | 010 | GYEONGSANGBUK-DO

도시 전체가 유네스코에 의해 세계문화유산으로 지정된 천년 고도 경주, 사진은 대고분과 구시가지 모습

우리의 전통 보자기처럼 불규칙하게 만들어진 논두렁

가장 많은 한국인이 가 본 곳이면서도 그래서 그 진가가 더 드러나지 않는 곳, 학창시절 누구나 꼭 한 번쯤은 들르는 수학여행지인 경주다. 이곳은 신라가 번성했던 중심 도시이자 우리나라에서 가장 많은 문화재를 보유한 역사 도시다. 또 우리가 너무도 익히 잘 알아서 오히려 그 역사적 가치와 깊이가 잘 헤아려지지 않는 곳이기도 하다. 세계문화유산으로 지정된 한국 제일의 천년 고도 경주는 이미 아는 상식만으로, 흔해 빠진 수학여행의 도시라는 것만으로 스쳐 지나가기에는 너무나 아름다운 천년의 도시다.

경주는 그저 밟고 지나는 거리와 골목골목이 모두 문화재다. 국보 32개, 보물이 75개, 사적 및 명승 96개 등 국가지정 문화재만 202개다. 경주가 '노천 박물관'이라고 불릴 만한 이유다. 불국사, 석굴암, 천마총, 첨성대 등 교과서에서 수없이 마주쳤던 그 이름들은 떠들썩한 단체관광보다는 홀로 차근차근 걸음을 옮기며 눈에 담고, 마음에 되새김질하는 여행을 통해 비로소 활자 속에서 튀어나와 참 아름다움과 의미가 되살아난다. 그게 도시 자체가 보물인 천년고도를 올바로 대하는 법이다.

경주 곳곳에서는 고분이 많이 발견된다. 신라시대에 유행했던 고분 양식, 돌무지덧널무덤은 특히 경주 지역에 한정적으로 나타난다는 특징이 있다. 화려하고 정교한 예술이 발달했던 신라의 양식은 고분과 그 속에서 출토되는 갖가지 예술품들에 고스란히 드러난다.

월성 북동쪽으로 가면 기러기도 즐겨 노닌 곳이라는 연못 '안압지'가 나온다. 정식 명칭은 '임해전지'로 신라 궁궐에서 바다를 접한다는 뜻이다. 『삼국사기』에 따르면, 문무왕 14

년인 674년 경에 판 못이다. 동서 200미터, 남북 180미터의 구형으로, 크고 작은 3개의 섬이 배치됐다. 지금 보아도 정교한 솜씨로 만들어진 연못 기슭과 도수로, 배수로 시설도 교묘하다. 연못 주위에 꽃들이 만발하고 따스한 바람이 불어올 때 안압지 한가운데를 거니노라면, 신라시대 호화로운 귀족이 누렸을 삶의 여유가 자못 내 것 같아 한가롭고 평온하다.

이곳은 또 연못 바닥에서 출토된 신라 특유의 무늬인 와전류瓦塼類, 판상板狀의 금동여래삼존상과 금동보살상 등의 우수한 불교 미술품이 있고, 남아 있는 예가 드문 목조의 배, 건축 부재, 목간 등의 보존에 성공했다는 점에서 역사적으로도 중요한 가치를 지닌 곳이다.

우리 선조의 우수한 과학적 성과를 볼 수 있는 곳도 있다. 바로 첨성대다. 첨성대는 하늘의 움직임을 관찰해 농사 시기를 결정하고, 또 관측 결과에 따라 국가의 길흉을 점치던 점성술이 중시됐음을 알 수 있는 천문 관측대이다. 이 첨성대는 당시의 천문학 수준을 가늠할 수 있는 지표다. 그 효용과 가치는 신라를 배경으로 한 드라마 〈선덕여왕〉을 통해서도 많이 알려진 바 있다. 신라 선덕여왕재위 632~647 때 건립된 것으로 추측되고, 지금까지도 거의 원형을 간직하고 있다. 동양에서 가장 오래된 천문대다.

학창 시절 누구나 한 번은 가봤다고 말하는 경주지만, 다시 찾아 차분히 밟지 않으면 그 찬란한 아름다움과 깊은 역사적 가치를 영영 깨닫지 못할지도 모른다. 열 번 스무 번을 다시 찾아도 매번 새롭고 매 순간이 아름다운 세계문화유산 경주, 대한민국의 빛나는 보석이다. ☼

신라 674년에 인공적으로 만들어진 안압지의 멋진 풍경

국보 31호이자 동양에 현존하는 가장 오래된 천문대, 첨성대

불국정토로 가는 길에 만난 불국사와 석굴암

신라의 오악五岳이라고 불리는 다섯 개의 성산이 있다. 동악 토함산, 서악 계룡산, 남악 지리산, 북악 태백산, 중악 팔공산이다. 저마다 사연을 품은 이 다섯 산 가운데 동악에 해당하는 토함산은 경주의 심장이다. 예로부터 왜구의 침범을 막아준 호국의 진산으로 신성시돼 온 토함산에는 '경주'하면 동시에 떠오르는 불국사와 석굴암이 있기 때문이다. 불국토의 이상을 가장 이상적으로 구현했다는 불국사와 석굴암을 빼놓고는 경주를 논할 수 없다.

불국사는 반만년의 장구한 세월을 이어온 우리 민족문화의 정수 중의 정수이며, 천년의 세월을 넘어 불국정토의 장엄함을 보여준다. 토함산 서남쪽에 자리 잡은 불국사는 신라인들의 과학과 미학이 이뤄낸 통일신라 문화예술의 집약체이다. 『삼국유사』에 따르면 경덕왕 10년인 751년에 김대성이 현생의 부모를 위해 창건했다고 전해진다. 대웅전과 극락전을 오르는 길에는 동쪽에 백운교와 청운교, 서쪽에 연화교와 칠보교가 있다. 이 또한 경덕왕 10년에 세워진 것으로, 가장 오래됐으면서도 완전한 형태로 남아 있는 매우 귀중한 유물이다.

청운교와 백운교는 불국사에 들어서면 천왕문을 지나 가장 먼저 마주하는 곳이다. 전체 33계단으로 되어 있으며 대

웅전으로 향하는 자하문과 연결된 다리로, 다리를 경계로 속세와 부처의 세계로 구분된다. 그러나 다리는 구분 짓기보다는 이어줌의 의미가 강해 '희망의 다리', '기쁨과 축복의 다리'로 전해지고 있다. 보호 차원에서 직접 오를 수 없고 옆으로 난 길로 가야 한다.

이 웅장한 멋에 대비되는 섬세한 아름다움을 지닌 칠보교와 연화교는 극락전으로 향하는 18계단으로 이루어진 비교적 작은 규모의 다리다. 전체적으로 웅장한 불국사의 조형이 지루하지 않은 것은 이렇듯 섬세한 조형미로 다양성을 주는 까닭이리라.

대웅전 앞뜰을 돌아 나가면 외국인들의 감탄사가 들려오는 곳이 있다. 다보탑이 있는 곳이다. 팔각형의 탑신으로 네모난 난간의 돌기둥에 16개의 연꽃무늬가 새겨져 있다. 돌을 깎아 만든 것이라고는 상상하기 힘들 만큼, 그리고 그 오랜 세월의 풍파를 지나왔다고 믿어지지 않을 만큼 정교함이 돋보이는 불국사의 자랑거리다.

토함산 허리를 돌아 석굴암 가는 길, 토함산 중턱을 오르다 보면 드넓게 펼쳐지는 경상도의 절경은 보너스다. 보존불은 총 높이 326센티미터, 대좌 높이 160센티미터, 기단 상대석 폭 272센티미터의 거대한 불상이다. 근접할 수 없게 되어 있어 유리문을 통해 멀찌감치 바라보는 석굴암은 떨어져 감상하는 그 거리만큼이나 범접하기 어려운 신라 예술과 과학, 문화의 결정체다. 주실 안 보존불의 고요한 모습은 석굴이라는 장소 자체에서 풍기는 은밀한 분위기에 한층 더한 신비로운 기운을 내뿜는다. 내면의 깊고 숭고한 마음을 간직한 가장 이상적인 불상의 모습이 바로 석굴암의 부처님이다. 토함산의 불국사, 그리고 석굴암을 잇는 발걸음이 사람의 마음을 묘하게도 차분하게 만든다. 학창 시절 수학여행 삼아 웃고 떠들며 지나쳤던 그 유적들은 지금도 그 자리에 그대로 머물러 있지만, 강산이 바뀐 세월 후에 다시 찾은 우리의 모습은 많이 변했다. 천년의 세월이 간직하고 길러 온 힘은 보는 사람마저 변화시키는 걸까. ○

불국사는 한국불교 문화를 대표하는 절집이며 유네스코가 지정한 세계문화유산이다.
불국사는 부처님의 화엄장엄세계인 불국토를 현세의 사바세계에 화현시킨 열정적인 신앙의 완성체이다.

다보탑 사이로 단아한 기품을 자랑하고 있는 석가탑

천년 고찰답게 불국사는 건물마다 신라인들의 예술 감각이 담겨져 있다.

봄꽃이 지천으로 깔린 운문사의 봄

일연 스님이 『삼국유사』의 밑그림을 완성한 청도 운문사

　호랑이가 웅크리고 앉은 호거산 아래 구름도 쉬어 가는 운문사雲門寺. 한국 사찰의 백미를 말할 때 너나없이 추천하는 절이 바로 청도 운문사다. 호거산에 둘러싸인 운문사는 나지막한 평지에 호랑이 한 마리가 조용히 낮잠을 즐기듯 그 모습이 너무나 평화스럽다. 일연 스님이 『삼국유사』의 밑그림을 그리고 완성한 곳 또한 운문사다.

　운문사 가는 길은 울창한 소나무 숲을 지나면서 시작된다. 여느 사찰과는 달리 일주문이 없는 것이 운문사의 특징이다. 아마 솔향기 그윽한 솔숲 터널이 일주문을 대신한 듯하다. 500미터 남짓의 솔밭 길을 지나면, 개울물 소리와 산새 소리가 경박하지도 요란하지도 않게 귓가에 울려 퍼진다. 하늘이 보이지 않을 만큼 빽빽한 솔숲과는 달리 경내로 들어서면 꽃의 제국이라 불러도 좋을 만큼 봄꽃이 지천으로 깔려 있다. 계절마다 색다른 멋을 풍기는 운문사지만, 특히 운문사의 봄은 향기로운 꽃들이 자연의 아름다움을 한껏 뽐낸다. 어른 한 사람이 품을 세월의 깊이를 알려주는 벗나무가 경내 입구까지 꽃 터널을 이룬다. 봄기운을 가득 품은 화사한 벗꽃이 호거산에서 불어오는 바람에 흔들리면 하늘에서 꽃비가 내린다. 낮은 담장 위로 어깨를 내민 벗꽃은 운문사의 고풍스러움을 상큼하게 감싼다.

　벗나무 터널을 지나 경내 입구라고 할 수 있는 범종루에 들어서면 본격적인 사찰 여행이 시작된다. 범종루 오른쪽에는 홍매가 서로 어깨를 맞대고 있다. 운문사에서 가장 먼저 봄

소식을 알리는 꽃이 홍매다. 그러나 벚꽃과 개나리가 하나 둘 꽃망울을 터뜨리기 시작하면 매화는 봄의 자리를 벚나무에게 물려주고 구름과 함께 떠난다. 매화 향기를 떠올리며 발걸음을 만세루 쪽으로 옮기면 사시사철 푸른 처진 소나무가 고개를 낮춰 상춘객들에게 정답게 인사한다. 만세루와 대웅전 뒷길로 다시 발길을 옮기면 노란 개나리와 연분홍빛 진달래가 수줍게 고개를 내밀며 꽃의 제국으로 들어온 것을 다시 한 번 환영한다.

무엇보다도 운문사에 들어오면 속계俗界의 사람들이 들어갈 수 없는 불이문 안에 하얀 목련꽃이 탐스럽게 피어 있다. 목련꽃은 활짝 필 때보다 봉오리를 막 터뜨렸을 때가 가장 아름답다. 운문사의 목련은 스님들의 거처가 있는 선계에만 있는 것이 특징이다. 목련꽃을 마냥 바라보고 있노라면 밀짚모자를 쓴 스님들이 울력을 나가는 모습도 볼 수 있다.

이처럼 운문사는 봄의 기운을 가득 품은 봄꽃들의 향연 때문에 해마다 봄이 되면 사람들의 발길이 끊이지 않는다. 이곳이 얼마나 아름다우면 『나의 문화유산 답사기』를 쓴 유홍준

교수가 "은퇴한 뒤 운문사 앞에서 여관이나 하나 지어 살고 싶다"고 했을까! 운문사의 자연미를 극찬한 것이다. 봄의 마지막 절기인 곡우가 지나도 운문사는 구름, 소나무, 벚나무, 매화, 목련 등 싱그러운 봄의 향연이 한창이다. ¤

화려한 꽃무늬 문살이 인상적인 운문사

봄이면 운문사에는 개나리, 벚꽃, 진달래 등 다양한 꽃들이 봄의 향연을 펼친다.

스님의 하얀 고무신을 보면 번뇌와 욕심도 사라지게 된다.

운문사의 아이콘이자 천연기념물로 지정된 와송

푸른 바다와 푸른 맛이 있는 영덕

영덕군에서 가장 큰 항구이자 대게로 유명한 강구항은
봄철이면 대게잡이 어선과 대게를 맛보려는 사람들로 북새통을 이룬다.

새파란 물감을 풀어놓은 듯한 영덕의 바다

영덕은 북쪽으로 울진군, 서쪽은 영양군과 청송군, 남쪽은 포항시와 접경하고 동쪽으로 동해에 면하는 경북 동부에 있는 도시다. 서쪽 태백산맥의 분수령에서 동쪽 해안까지 점차 낮아지는 지형을 이룬다. 칠보산, 등운산, 독경산, 형제봉, 명동산, 삿갓봉, 마고산, 바데산 등 높은 산이 연봉을 이루고, 산지에서 발원하는 하천은 동해로 흘러들어 영덕 오십천 등을 이룬다.

산지가 해안까지 연장되는 지형으로 경지가 좁고 해안은 곳곳에 암석이 노출되어 항구가 발달하기 어렵다. 송천, 유천 등의 하구부에는 해안사구가 발달해 해수욕장으로 이용되는데, 휴양지로 찾기 좋은 아름다운 경치를 선사한다. 푸른 바다와 유난히 하얗게 부서지는 파도의 아름다운 풍경이 떠오르는 드라마 〈그대 그리고 나〉의 촬영지로 이름난 오포해수욕장, 그리고 남호해수욕장과 하저리해수욕장 등이 유명하다. 하지만 누가 뭐래도 영덕을 대표하는 전통의 으뜸으로 치는 것이 있다. 요즘엔 도심 한가운데 길가에 세워진 트럭에서도 쉽게 발견할 수 있는, 그 이름 자체가 브랜드인 영덕 대게다. 그러나 뭐든지 원산지에 가서 직접 먹는 그 맛을 따라갈 수는 없다. 영덕 대게의 본산은 바로 영덕의 강구항이다. 강구항은 들어서는 입구부터 거대한 영덕 대게를 통과해야 한다. 영덕 대게 모양으로 만든 구조물이다.

포구에 무지갯빛 파라솔들이 빽빽하게 늘어선 수산물 판매 노점의 풍경이 이채롭다. 포구를 내려다보는 것만으로도 스르륵 입가에 침이 고인다. 영덕 대게를 먹으러 몰려온 관광객들을 맞이하기 위해 즐비한 횟집들마다, 간판마다 갓 잡은 신선한 대게들이 선홍빛깔로 늘어서 관광객들을 유혹한다. 곳곳에 오징어를 길게 널어놓은 풍경들까지, 바다 냄새가 물씬 몸으로 스며든다.

굴뚝에 아궁이 불의 연기가 올라오듯, 하얀 연기가 모락모락 올라오는 항구의 풍경도 영덕 강구항만의 특색이다. 즐비한 손님들을 위해 대게를 쪄대는 찜솥에서 올라오는 연기가 가실 날이 없다. 찜솥에는 번호까지 씌어 있다. 아무리 큰 솥이라도 전국에서 몰려드는 '대게 인파'들을 감당하려면 솥이 열 개라도 모자랄 지경이다. 여행의 맛은 뭐니뭐니 해도 음식을 빼놓을 수 없다. 다른 것을 다 둘째 치고 그저 대게 맛을 보기 위해 영덕을 찾아도 강구항만의 독특한 분위기와 영덕의 아름다운 경치가 대게의 맛을 두 배로 살려주기 충분하다. ♡

시원한 바람이 늘 머무는 영덕 옥계계곡과 침수정

상생의 손 뒤로 붉게 솟아오른 태양과 말간 햇살을 즐기고 있는 갈매기

과메기의 맛과 일출이 아름다운 포항

‘포항’ 하면 철강 도시의 이미지가 가장 먼저 떠오른다. 세계 일류 철강기업인 포스코가 터 잡은 포항은 철강산업의 거대한 공장이 푸른 빛깔의 바다와 어우러진 아름답고 풍요로운 항구도시다. 포항의 발전을 일컬어 ‘영일만의 기적’이라 이르는데, 이처럼 영일만은 포항 시민들의 삶의 터전이다. 이 영일만 남단으로 내려가다 보면 동해 남단에서 가장 아름다운 도시 구룡포를 만나게 된다. 동해 남부 어항의 집결지인 구룡포 항은 옛날부터 고래잡이로 유명했던 곳이다. 지금도 펄떡이는 활어들을 잔뜩 실은 어선들이 분주히 드나드는 살아 있는 항구의 모습을 볼 수 있다. 해방 전까지 고래잡이와 오징어잡이 등이 활기를 띠던 구룡포의 오늘은 ‘포항의 특미’인 과메기가 그 명성을 대신하고 있다.

전국 각지에서 포항산 과메기를 간판으로 내건 횟집들이 즐비할 만큼 구룡포는 과메기 원산지로서 이름값을 톡톡히 하고 있다. 과메기는 꽁치를 얼렸다가 녹이기를 반복해 만든 먹을거리로, 일반 회의 흰 살과 부드러운 맛에 대비되는 짙은 갈색에 쫄깃쫄깃한 질감의 고소한 맛이 특색이다. 과거에는 청어로 과메기를 만들었지만, 1960년대 이후 생산량이 급감하면서 꽁치로 바뀌었다. 포항에서 공수하지 않은 이른바 ‘가짜’ 과메기는 씹는 맛이 딱딱하고 색깔이 거무죽죽해 구룡포 과메기의 풍부한 맛을 따라갈 수 없다. 겨울철 별미로 주목받으면서 구룡포 해안의 겨울은 즐비하게 들어서는 과메기 덕장으로 또 다른 볼거리를 선사한다. 포항을 대표하는 맛 과메기는 2007년부터 미국, 일본, 중국, 태국 등 6개국에 수출되면서 그

맛이 국외 시장으로까지 뻗어나가고 있다.

과메기 맛의 여운을 느끼며 북쪽으로 10분 달리면 포항에서 가장 유명한 일출지, 호미곶에 도착한다. 한반도의 지도에서 호랑이를 닮은 지형을 볼 수 있는데 그 호랑이의 꼬리에 해당하는 지역이 바로 호미곶이다. 호미곶은 호랑이 꼬리 모양이라는 지역의 특성뿐만 아니라 '상생의 손'이라는 구조물로 더욱 유명해졌다. 육지와 바다 각각에 하늘을 둥그렇게 받치고 있는 듯한 거대한 손 모양의 동상이다. 육지에는 왼손이, 바다에는 오른손이 서로를 마주 보고 있다. 육지와 바다를 둘로 가르는 것이 아니라 하나됨을 설파하는 듯한 모습이다. 갈등을 해소하고 화합하자는 취지에서 2000년 밀레니엄을 앞두고 만들어졌다. 바다에 떠 있는 손이 발갛게 떠오르는 태양을 받치는 호미곶의 일출 장관은 해가 바뀔 때마다 몰려드는 인파로 장사진을 이룰 만하다.

화합을 위한 또 하나의 상징물인 '영원의 불', 매년 1월 1일 해맞이 관광객들을 따뜻하게 맞이하기 위한 2만 명분의 떡국을 동시에 끓일 수 있는 거대한 가마솥, 국내 유일의 등대 박물관도 이곳만의 볼거리다. 산업화와 자연, 전혀 어울리지 않을 것 같은 이 두 가지의 화합을 이끌어낸 곳이 포항이다. '푸른 자연'의 아름다운 풍경을 간직한 '철강 도시' 포항은 육지와 바다를 함께 포용하는 상생의 손, 그 자체를 온몸으로 보여주고 있다. ☼

위 | 신년 해맞이 명소로 유명한 호미곶
아래 | 호미곶 옆에는 하얀 등대가 인상적인 등대박물관이 있다.

위 | 겨울철 쌀쌀한 미역에 과메기 한 점이면 더 이상 춥지않다. 사진은 과메기로 유명한 구룡포 항구
아래 | 해풍에 과메기를 말리고 있는 어부의 손길이 부산하다.

솔바람과 물소리만 머무는 청송 주왕산

KOREA | 015 | GYEONGSANGBUK-DO

소나무와 하얀 은사시나무가 절묘한 풍경을 빚어내는 주왕산

　　이름이 그 사람의 됨됨이를 말한다는 얘기가 있다. 그걸 지명에도 적용해 보면 어떨까. 푸른 소나무靑松라는 이름을 가진 경북 청송군은 그 조건을 그대로 충족시킨다. 학이 푸른 소나무에 기댄 모습을 연상해 보라. 청송을 거닐다 보면 그 머릿속 연상이 눈앞에 그대로 펼쳐진다. 산세가 험하기로 유명한

청송은 옛날부터 인적이 끊긴 산길을 수백 리 걷고, 하늘에 닿을 듯한 높은 고개를 넘어 곳곳의 깊은 계곡을 따라 한없이 걸어야만 닿을 수 있는 오지였다. 도로가 놓이고 교통수단이 발달했지만, 짙은 숲과 깊은 골의 청송은 아직까지도 쉽게 찾기 어려운 곳이다. 자연의 태곳적 신비를 고스란히 간직한 청송은 전국 어떤 지역보다도 아름다운 자연환경을 자랑하는 곳이다. 그 중심에 기암절벽이 일품인 주왕산이 있다. 우리나라 3대 암산으로 꼽히는 주왕산은 청송 읍내에서 남동쪽으로 15분 정도를 가면 나오는 곳으로, 당나라의 주왕이 숨어 살았다 하여 이름 붙여졌다고 전해진다. 오르기 전 먼발치에서 산 능선을 올려다보는 것만으로 자연의 절경을 느낄 수 있다. 울퉁불퉁 험하지도, 부드러운 능선의 밋밋한 형세도 아니다. 웅장하게 우뚝 솟아 있으면서도 부드럽게 이어지는 곡선이 묘하게 어우러져 보는 것만으로도 감탄스럽다. 어떤 아름다운 인공 구조물도 줄 수 없는 자연만이 안겨주는 비경이다.

　　입구에 들어서면 가장 먼저 눈에 들어오는 기암괴석이 설악산, 월출산과 함께 3대 암산에 든다는 주왕산의 위용을 한눈에 보여준다. 산 중턱에서는 '주왕굴'을 마주할 수 있다. 주왕이 피신 와서 머물렀다는 굴로, 좁은 굴 사이로 보이는 암산이 또 다른 매력을 발산한다. 굴을 빠져나오면 바로 앞에서 폭포가 쏟아진다.

　　주왕산은 곳곳에 비경을 자랑하는 계곡들이 산의 유명세를 한층 더 배가시킨다. 절골계곡, 내원계곡 등이 산과 조화를 이루고 있다. '한국 자연의 100경'에 선정된 경사 90도의 가파른 절벽 학소대와 마주한 병풍바위는 수묵화의 한 장면 같은 장관을 연출한다. 주왕산의 경치에 감탄하며 들뜬 마음을 가라앉히기에는 아직 이르다. 주왕산 남쪽으로 난 호수, 주산지를 지나치지 않을 거라면 말이다. 주왕산국립공원 최고의 경치를 감상할 수 있는 이곳은 조선 경종 원년인 1721년에 만들어진 길이 100미터, 너비 50미터, 수심 7.8미터의 자그마한 농업용 저수지다. 이 작은 호수에서 새벽이면 피어오르는 물안개와 저수지 안에 자생하는 20여 그루의 왕버들이 환상적인 봄의 향연을 선사한다. 신이 아니면 도저히 볼 수 없는 선계를 물에 그대로 옮겨 놓은 듯 몽환적인 아름다움을 빚어낸다. 선녀가 몰래 인간 세상에 내려와 맘 놓고 목욕을 즐겼을 법한 신비스러운 분위기로는 주산지를 따라갈 곳이 없을 것 같다. 꿈을 꾸듯 황홀한 그 경치를 담기 위해 사진작가들의 발길이 끊이지 않는 곳이기도 하다. ¤

기암절벽으로 둘러싸인 주왕산은 바위가 많아 예로부터 석병산이라고도 불렸다.

새도 바람도 넘기 어려운 문경새재

문경은 소백산맥의 중앙부에 속하는 터라 일반적으로 산세가 험준하고 고도가 높다. 이 준령을 넘어 북쪽으로 뻗어가는 길목에 있는 문경새재는 조선시대 영남과 한양을 잇는 주요 길목이었다. 문경의 험준한 산세 속에 자리한 이 고갯마루는 조선시대 과거를 보러 가던 선비들이 다녔던 과거 길로 유명하다. 당시 영남과 한양을 잇는 추풍령, 죽령, 문경새재 이 세 길 중 가장 빠른 길이기도 했던 문경새재는 비단 빠른 길이라는 이유만으로 선호된 것은 아니었다. 청운의 꿈을 품은 선비들 사이에 돌았던 '추풍령은 낙엽처럼 떨어지고, 죽령은 대나무처럼 미끄러진다'는 믿음 때문에 선택된 길이 문경새재란다.

문경새재는 조선 태종 14년인 1414년에 개척한 관도官道로 영남에서 소백산맥의 준령을 넘어 한양으로 가는 주요 길목이며, 정상 높이 642미터의 고개이다. 주흘산과 조령산이 이루는 지형은 '나는 새도 넘기 힘든 고개'라는 뜻으로 새재라 이름 붙여졌다는 설이 있을 만큼 험준하다. 이 때문에 국방상으로 중요한 요새가 되었고, 임진왜란 이후 이러한 지형을 이용해 주흘관, 조곡관, 조령관 3개의 관문과 부속성, 관방시설 등이 축조되기도 했다.

문경새재는 아스팔트가 깔리지 않은 천연 흙길로 500여 년의 세월을 고스란히 담고 있다. 주변에 여궁폭포, 용추계곡 등의 아름다운 자연경관과 함께 원터, 교구정터, 성황당과

각종 비석들이 옛 모습을 지니고 있어 옮기는 발걸음마다 역사
의 아름다운 숨결이 깃들어 있다.

문경새재의 시작점에서 주흘관을 벗어나 10여 분을 걸
으면 KBS촬영장이 보인다. 2만 여 평의 부지에 〈태조 왕건〉,
〈대왕 세종〉, 〈천추태후〉의 세트장을 조성했다. 광화문, 근정
문, 시접전, 교태전 등 조선왕조 건물 126동도 건립했다. 우리나라 최대 규모의 촬영장이라
는 이곳은 촬영장으로 만들어진 곳이라기보다는 역사 속 실재하던 민속마을에 온 듯한 느낌
을 줘 새로운 관광지로 주목받고 있다.

문경새재가 거대한 산업화 과정에서도 반듯한 아스팔트길로 변하지 않고 오롯이 지켜
냈다는 것은 축복과도 같은 일이다. 선비들의 짚신이 열나흘을 꼬박 밟고 지나던 흙길로서의
정취를 간직하고 있는 것이 고마울 따름이다. 1970년대 이곳에 차가 지나다니는 것을 본 박
정희 대통령이 문경새재 길을 온전히 보존하라는 지시를 내렸다고 한다.

인공이 아닌 자연의 흙길이 곳곳에 역사의 잔영을 머금고 펼쳐져 있다. 몇백 년의 세월
을 나뭇결로 말하며 근엄하게 길을 내려다보는 소나무, 임진왜란 때 신립 장군이 새재를 지
키지 못하고 충주 탄금대에서 배수진을 치고 왜군을 맞아 싸우다 전멸당한 후 첩첩이 세워진
조곡관, 주흘관, 조령관 등이 역사의 깊이를 고스란히 말해주고 있는 것이다.

산길을 끼고 도는 계곡은 청명하기 그지없다. 계곡 바닥에 물이 흐르는 것이 아니라,
마치 연두색 셀로판지를 댄 것처럼 안이 훤히 들여다보이는 옥빛의 맑은 물이 흐른다. 졸졸
흐르는 계곡은 주흘관을 지나 좁고 거친 산길을 따라 휘몰아치는 급류가 된다. 대한민국 걷
기 좋은 100대 길로 선정된 문경새재, 그 길에서 자연과 역사를 함께 밟아 본다. ¤

해발 642m에 위치한 문경새재는 중부지방과 영남지방을 잇는 교통의 요지였다.
과거 영남의 유림들이 과거를 보러 갈 때 반드시 넘어야 했던 고갯길이다.

관문의 성곽 계단

위 | KBS 드라마 촬영지가 있어 문경새재는 여행지로 각광받고 있다.
아래 | 주차장에서 오르막길을 따라 천천히 올라가면 문경새재 관문에 이르게 된다.

연꽃과 은행나무가 인상적인 영양 서석지

경북 영양군에 자리한 서석지는 석문 정영방이 1613년에 조성한 아름다운 민가 정원이다.

서석지는 보길도 세연정과 담양 소쇄원과 함께 우리나라 3대 정원에 꼽힐 만큼 경관이 아주 수려하다.

영양은 이름부터 낯선 도시다. 인구가 2만도 안 되고, 이렇다 할 관광지가 있는 것도 아니다. 많은 사람이 경북의 일월산은 알아도 일월산이 영양에 속해 있는지는 모르는 경우도 많다. 영양은 경상북도 북동부에 있는 작은 도시로, 북쪽으로 봉화군과 울진군, 동쪽은 영덕군과 울진군, 서쪽은 봉화군과 안동시, 남쪽으로 청송군과 접한다. 경상북도 내에서 가장 높은 지형을 이루는 영양군은 북쪽에 일월산1,219m과 통고산1,066m, 동쪽의 백암산1,004m 등 1,000미터가 넘는 태백산맥의 지맥이 마을의 3면을 둘러싸고 있다.

이 숨겨진 도시는 충의 열사와 문인이 많이 배출된 유서 깊은 선비의 고장이다. 「승무」로 유명한 청록파 시인 조지훈, 소설가 이문열 등이 바로 영양이 배출한 문인들이다. 그리고 깨끗한 환경에서만 산다는 반딧불이 서식하는 천혜의 자연환경과 영남의 영산인 일월산을 중심으로 펼쳐지는 수려한 경관을 자랑하는 곳이다. 이쯤 되면 '영양'이라는 낯선 도시에도 슬며시 관심이 가게 될 텐데 거기에 쐐기를 박을 만한 한 곳이 남아 있다.

한국 3대 정원의 하나, 중요민속자료 제108호로 지정돼 있는 영양 서석지瑞石池다. 글자 그대로 상서로운 돌로 만든 연못이 있는 서석지는 조선시대 민가 연못의 대표 정원 유적지다. 물속에 30개의 돌, 수면 위로 드러난 돌 60개 등 총 90개의 돌로 채워진 연당蓮塘, 여

기 심어진 연꽃들 덕에 바람이 불면 연못 전체에서 은은한 연꽃 향을 음미할 수 있다. 이 연꽃들이 꽃봉오리를 터뜨리는 7월 중순에 서석지는 최고의 정경을 자랑한다.

경북 영양군 입암면 연당리에 있는 서석지는 진사시進士試에 합격하고도 나라의 어지러움을 개탄해 벼슬을 버리고 은둔생활을 했던 정영방이 1640년경에 축조했다. 그는 병자호란 후에 이곳으로 와 학문 연구에 몰두했다고 한다. 연못을 파고 양옆에 정자를 세웠는데 오른쪽을 주일재主一齋, 왼쪽을 경정敬亭이라 불렀다. 못 주위 사단에 심어진 소나무, 매화나무, 대나무, 국화 등이 선비의 지조를 상징한다. 이와 함께 400년이 넘은 은행나무가 조화를 이룬다. 여름에 붉은 연꽃이 인상적이고, 가을이면 노랗게 물든 은행나무가 서석지의 아름다움을 한껏 고조시킨다.

여느 연못 정원처럼 영화의 배경이 되거나, 사람들의 발길이 끊이지 않는 관광명소는 아니지만, 결코 그 아름다움이 덜하지 않다. 처음 발을 들였을 때 시각을 자극하는 풍경이 아니어서 오히려 발걸음을 옮길수록, 구석구석을 들여다볼수록 고요하고 은은하게 다가오는 아름다움을 발산한다. 연못을 만든 선비의 소박하면서도 고고한 기품을 닮았다. 바람에 실려 온 은은한 연꽃 향기가 코끝을 간질이며, 선비의 마음을 닮은 은행나무가 사람들의 눈과 마음을 유혹한다. 그곳이 바로 서석지다. ☼

서석지의 터줏대감인 은행나무

규모는 작지만 정원의 백미를 느낄 수 있는 서석지

일생에
한번은
만나라

하늘에서
본
대한민국

GANGWON-DO
강원도

아름다운 우리 건축문화의 백미를 보여 주는 선교장船橋莊은 99칸의 한계를 뛰어넘어
무려 120여 칸이 넘는 웅장한 규모를 지닌 양반 고택이다.

파도 따라 울리는 감미로운 거문고 소리 강릉 선교장
KOREA | 001 | GANGWON-DO

강릉에서 가장 멋지고 조선시대 양반 건축문화의 진면목을 감상할 수 있는 곳은 이내번이 터를 잡은 선교장이다. 아름다운 우리 건축문화의 백미를 보여주는 선교장은 99칸의 한계를 뛰어넘어 무려 120여 칸이 넘는 웅장한 규모를 지닌 양반 고택이다. 서울의 이화장, 혜화장, 경교장 등과 비교해 규모나 자연과 조화를 이룬 면에서 단연 돋보인다. 이처럼 방이 많은 이유는 선교장의 주인이 조선 당대의 예술가들을 사랑했고 그들과 이야기하기를 즐겨 많은 사람들이 선교장을 찾았기 때문이다. 또한 경포대 주변의 설악산, 금강산 등 빼어난 경치를 감상하기 위해 한양에서 많은 식객들이 찾아와 머물렀기 때문에 이처럼 규모가 컸다고 한다.

선교장은 관동에서 가장 시설이 좋고 많은 예술가와 풍류가들이 머문 당대 최고의 호텔이었다. 만약 식객이 너무 오랫동안 머물면 간접적으로 떠나야 할 때를 밥상을 통해 알렸다. 손님 밥상에 국과 밥그릇을 바꿔 놓거나 반찬의 위치 등을 엇갈리게 놓아 식객이 떠나야 함을 알려줬다고 한다. 몇 달 동안 융숭한 대접을 받은 식객은 주인의 표시에 당연히 감사의 인사를 올리고 정처 없이 또 다른 길을 떠났다고 한다. 선비들의 격조 높은 풍류와 사람을 대접하는 고풍스러운 멋을 느낄 수 있는 대목이다.

특히 선교장에서 눈여겨볼 곳이 두 군데 있다. 하나는 당대 가장 유명한 예술가들이 묵었던 큰 사랑채 열화당悅話堂이다. 이곳은 방이 3개에다 대청마루가 6칸이나 된다. 사랑채라고 하기엔 다소 큰 규모다. 열화당은 이내번의 후손인 이후가 1815년에 지은 건물이다. 허균 선생의 저서『한국의 정원 선비가 거닐던 세계』에 따르면 열화당이라는 이름은 도연명의 「귀거래사」의 한 구절 "친척과 정담을 나누며 기쁨을 누리고 거문고 타고 글 읽으며 즐기니 시름이 사라지네."에서 발췌한 것이다.

선교장에서 두 번째로 눈길을 끄는 곳은 입구에 조성된 활래정活來亭이라는 아담한 정원이다. 네모난 작은 정원에 홍련을 심어 놓았고 활래정이라는 정자가 섬처럼 두 다리를 연못에 기댄 채 서 있다. 선교장 주인은 활래정에 앉아 거문고 소리를 즐기며 선비의 풍류를 즐겼다. 한여름이 찾아오면 연한 분홍빛 홍련이 연못 가득히 피어나 선교장을 꽃향기로 뒤덮었다. 무더운 여름밤 연화차를 마시며 듣는 거문고 소리는 얼마나 감미로웠을까? ○

위 | 선교장의 백미는 일렬로 나란하게 들어선 작은 문들이다.
아래 | 선교장의 주인은 활래정에서 거문고를 퉁기며 선비의 풍류를 즐겼다. 사진은 활래정 내부의 모습

소나무 숲 사이로 아름다운 자태를 드러낸 선교장

강릉에서 만나는 한옥의 미학
KOREA | 002 | GANGWON-DO

허난설헌과 최초 한글소설 『홍길동전』의 저자 허균 남매가 태어난 생가

　　고도의 멋과 전통이 살아 있는 예향의 도시 강릉. 강릉은 예로부터 선비의 마을이라 했다. 많은 선비와 시인, 묵객들이 강릉에서 천하제일의 경치를 읊곤 했다. 보통 사람들은 선비의 마을 하면 경북 안동을 떠올릴 것이다. 하지만 동해 끝에 있는 강릉 또한 오래전부터 유서 깊은 한옥과 올곧은 선비를 배출한 도시다. 시내에는 우수한 문화 사적지와 천혜의 관광자원이 풍부하다. 또 해돋이 하면 떠오르는 정동진을 비롯해, 강릉 해안 일대는 해맞이객들의 발길이 끊이지 않는 곳이기도 하다. 연안은 수심이 깊고 계절에 따라 한류와 난류가 흘러 어족이 풍부하다. 태백산맥이 가로막고 동해에 인접하므로 특히 겨울에는 한랭한 북서풍이 태백산맥을 넘어오면서 푄 현상을 일으켜 같은 위도의 서해안보다 기후가 온난하다.

　　강릉에 가면 어디를 가장 먼저 가봐야 할까. 강릉의 선비 정신을 가장 상징적으로 보여주는 곳, 오죽헌을 꼽을 수 있다. 이곳은 중종 31년인 1536년에 율곡 이이 선생이 탄생한 곳으로 우리나라 주거건축 중 가장 오래된 것 중 하나인 조선시대 상류주택의 별당 사랑채다. 세종조 당시 공조참판과 예문관 제학의 벼슬에 오른 강릉 12향현 중의 한 분인 최치운이 지었다. 정면 3칸, 측면 2칸의 단층 팔작지붕의 건축물로 오죽헌의 정면 오른쪽 온돌방이 바로 율곡 이이가 태어난 '몽룡실'이다. 신사임당은 몽룡실에서 용꿈을 꾸고 율곡을 낳았다. 이 밖에도 율곡 이이 선생의 영정을 모신 사당인 문성사, 율곡이 어릴 때 사용하던 벼루가 보관된

어제각 등 율곡 선생의 자취를 차례차례 밟아볼 수 있다. 조선시대 퇴계 이황과 쌍벽을 이루는 훌륭한 학자였던 율곡 선생의 선비 정신이 내 안에 되살아나는 기분을 느낄 수 있을 것이다. 오죽헌 경내에는 율곡기념관과 강릉시립박물관이 있다.

강릉에서 발견되는 문인의 발자취는 그 유명한 초당 순두부로 이어진다. 순두부가 난데없이 왜 문인의 발자취냐고? 정확히 말하자면 강릉시 초당동에 위치한 허균 생가인데, 이곳은 우리나라 최초의 한글소설인 『홍길동전』의 저자 허균과 그의 누이이자 조선시대 유명 여류시인인 허난설헌의 생가가 있는 곳이다. 초당은 허균의 아버지인 허엽의 호에서 유래한 것이다. 허엽이 강릉부사로 있을 때 관청 앞마당에 물맛 좋기로 이름이 난 샘물이 있었다. 이 물로 두부를 만들고 바닷물로 간을 맞췄는데 맛이 좋기로 입소문이 나자, 허엽이 자신의 호를 붙여 초당 두부라 이름 지었다고 전해진다.

강릉시 초당동 4,223제곱미터 터에 지상 1층 총넓이 186제곱미터 규모의 '허균허난설헌기념관'은 목조 한옥 형태로 한옥의 장점을 잘 살려 허난설헌유적공원 근처에 세워졌다. 기념관의 건립으로 강릉이 배출한 개혁 사상가 허균과 여류 천재시인 허난설헌의 얼을 선양하며, 두 남매의 사상과 문학세계를 연구하고 계승, 발전시킬 수 있는 문화공간으로 조성되었다. ¤

신사임당과 율곡 이이가 태어난 오죽헌

선비 정신을 느낄 수 있는 울창한 소나무와 어우러진 허균 생가

중요민속자료 235호로 지정된 왕곡마을은
19세기 전후의 북방식 전통가옥의 진수를 보여준다.

산과 바다 그리고 한옥문화가 어우러진 고성
KOREA | oo3 | GANGWON-DO

한 편의 서정시가 그려지는 왕곡마을의 겨울 풍경

　　남과 북을 잇는 강원도의 맨 윗자락에 위치한 고성은 섬처럼 큰마음 먹지 않으면 쉽게 발길이 떨어지지 않는 곳이다. 하지만 고성은 설악산과 금강산의 중간 거점지역으로 산과 바다의 수려한 자연풍광은 물론, 북한 땅이 지척에 보이는 통일전망대를 비롯해 문화유적지 등의 다양한 볼거리가 있는 곳이다. 서쪽은 금강산1,638m을 연결하는 태백산맥의 분수령이 험준한 산악을 이루고, 금강산 주변에서 발원한 남강 유역에 기름진 평야가 형성돼 있다. 그 밖에 간성읍에 북천과 남천, 거진읍에 자산천 등이 있어 좁은 평야를 이룬다.

　　고성은 우리나라에서 길지 중의 길지로 꼽히는 지역이다. 600년 씨족마을, 왕곡마을이 바로 그 주인공이다. 옛 모습을 고스란히 간직한 왕곡마을은 일반 민속촌처럼 '형성된' 곳이 아닌 600년 세월을 오롯이 지켜낸 곳이다. 1988년 전국 최초로 전통마을 보존지구로 지정된 이 마을은 다섯 개의 봉우리에 둘러싸여 있으며, 100년 가까이 된 기와집 20여 채와 초가집 30여 채가 군락을 이루고 있다. 봉우리에 둘러싸인 방주의 모습이 외부의 침입을 물리치듯 고고하다. 19세기를 전후해 건립된 북방식 전통한옥은 ㄱ자형 구조로 안방과 사랑방, 마루와 부엌을 한 건물 안에 나란히 배치하고, 부엌에 마구간을 덧붙여 겨울이 춥고 긴 산간지방의 생활에 알맞도록 했다. 보존가치 때문에 외부인에게는 집을 팔 수 없다고 한다.

　　왕곡마을에서 북쪽으로 더 가면 금강산 일만 이천 봉 중에 한 봉우리 자락에 있다 하여 금강산 건봉사라 불리는 사찰이 있다. 신라시대 법흥왕 7년 아도가 창건하고, 경덕왕 17년인 758년에 발징이 중건하여 염불만일회를 열어 한국에서의 만일회의 시초가 된 곳, 바로 건봉사의 등공대다. 한국전쟁 당시 이 일대에서 치열한 전투가 벌어져 사찰 대부분이 폐허로 변했으나, 1994년 이후 점차 복원되어 오늘에 이른다. 옛 절터와 대웅전, 불이문강원 문화재자료 제35호, 구층탑을 비롯한 7기의 탑, 48기의 부도浮屠, 31기의 비석이 있다. ○

고성의 공현진 항구의 겨울은 한 폭의 수채화를 연상케 한다.

만인에게 평등한 불교의 가르침을 구현한 백담사와 봉정암

"님은 갔습니다. 아아, 사랑하는 나의 님은 갔습니다."

우리나라 사람들이 가장 즐겨 읊는 애송시를 꼽으라면, 아마도 이 시는 꼭 나오지 않을까 싶다. 만해 한용운의 「님의 침묵」이다. 스님이자 문인, 그리고 독립운동가였던 만해 한용운에 대해 조금 더 알고 싶은 사람이라면 꼭 한 번 찾아가봐야 할 곳이 있다. 선사 만해가 입산수도하여 깨달음을 얻은 곳, 바로 내설악 깊은 오지에 자리잡은 백담사다. 이곳은 백담계곡 위, 워낙 깊은 곳에 위치해 옛날에는 사람들이 좀처럼 찾기 힘든 수행처였다고 한다. 이곳에서 만해의 『조선불교유신론』과 『십현담주해』, 그리고 『님의 침묵』이 탄생했다. 지금도 사찰 뒤편에는 한용운 선사가 팠다는 우물이 보존되어 있다.

백담사는 대한불교조계종 제3교구 본사인 신흥사의 말사이다. 진덕여왕 1년인 647년 자장이 창건하였는데 처음에는 한계령 부근의 한계리에 절을 세우고 한계사라고 하였다. 이후 중건을 거듭하며 심원사, 영축사 등으로 개명했다가, 1455년 여섯 번째 화재로 불에 타고 이듬해 다시 중건하여 백담사라 하였다.

주변의 정경은 보는 이를 압도한다. 백담사 등산 코스인 수렴동계곡, 그에 잇대어 있는 구곡담계곡이 용아장성과 서북주릉의 험준한 산세를 따라 부드럽게 흐른다. 비할 데 없는 이 대로의 절경도 단풍이 합세하면 그 절정에 이른다. 힘참과 부드러운 우아함, 그리고 화려함을 모두 담고 있는 백담사 등산길을 거닐며 「님의 침묵」의 한 자 한 자를 고민했을 만해를 떠올리면, 고요하게 가슴이 벅차오른다.

현재 중심 법당인 극락보전을 비롯하여 산령각, 화엄실, 법화실, 정문, 요사채 등의 건물이 남아 있으며, 뜰에는 삼층석탑 1기가 있고 옛 문화재는 남아 있지 않다. 현존하는 부속 암자로는 봉정암, 오세암, 원명암 등이 있다. 내설악의 얕은 계곡 옆에 있는 백담사에서 좀 더 깊이 설악으로 문을 열고 올라가면 설악산에서 가장 높은 1,244미터에 위치한 봉정암을 만난다. 기암괴석과 가파른 산비탈에 자리한 봉정암은 대표적 불교성지인 오대적멸보궁 가운데 하나로 불교도들의 순례지로 유명하다. 5월 하순에도 설화雪花를 볼 수 있는 봉정암은 봉황이 알을 품은 듯한 형국의 산세에 정좌한 채, 거대한 바위를 중심으로 가섭봉, 기린봉, 할미봉, 산신봉 등에 감싸여 있다.

부처님의 자비를 만나기 위해 봉정암까지 가는 길 그 자체가 수행일 정도로 보통 열정이 아니면 이곳에 발을 디딜 수 없다. "그냥 절집 구경이나 한 번 해보자"라고 단순하게 마음먹은 사람이라면 백담사에서 이곳으로 발길을 옮기지 말 것을 당부한다. 왜냐하면 절집 방문이 수행이면서 고행이 되기 때문이다. 산비탈에 설치된 로프를 잡고 수십 번의 곡예를 반복하며 올라야 가닿을 수 있고, "봉정암에 세 번만 오르면 소원이 이뤄진다"는 말이 절집의 위대함을 간접적으로 보여준다. 아무리 등산의 도사라고 해도 똑같다. 만인이 평등한 불교의 가르침을 구현한 봉정암이 당신의 발길을 기다리고 있다. ○

평생 3번 올라가 기도를 올리면 소원이 이뤄진다는 설악산의 대표적인 절집, 봉정암

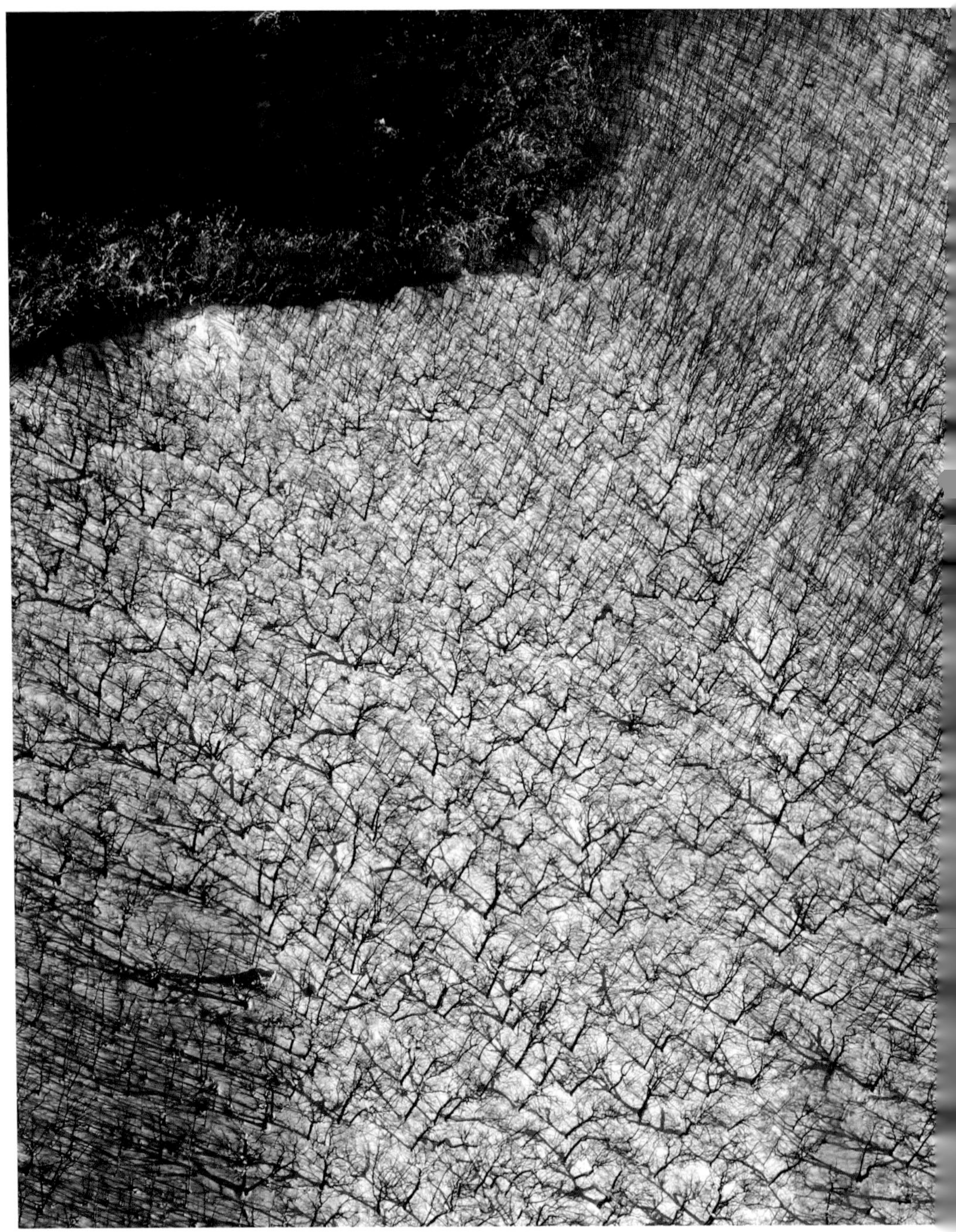

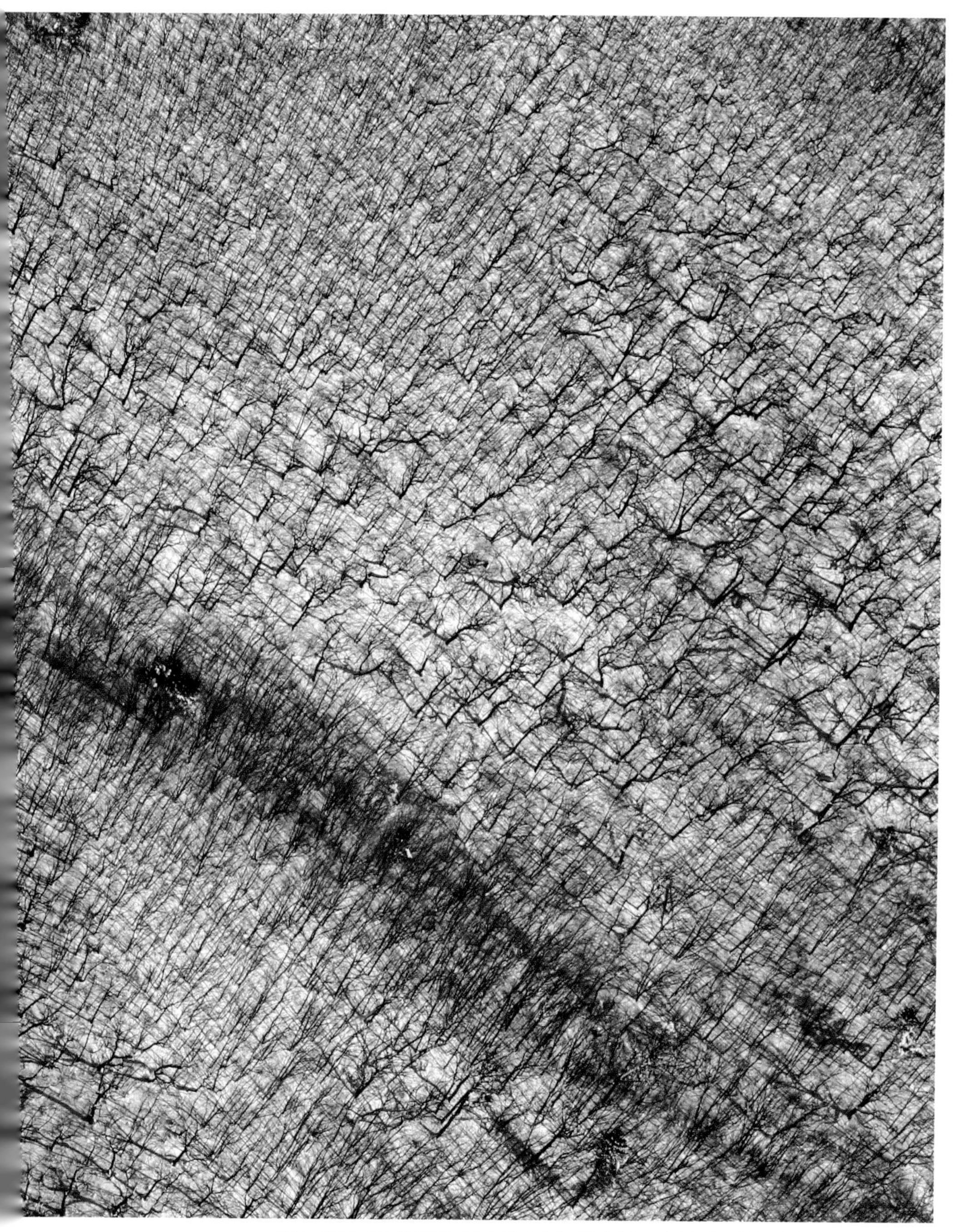

하얀 눈으로 뒤덮인 설악산의 겨울 풍경. 앙상한 나뭇가지와 그림자가 회화적인 분위기를 연출한다.

구절양장으로 휘어져 나가는 실개천을 병풍으로 삼은 백담사

굽이치는 고갯길과 넓은 광야가 있는 곳, 대관령

바람이 많아 최근 풍력발전기가 생긴 대관령은 여름 내내 서늘한 기후 때문에
고랭지 배추 농사로 유명하다. 배추가 출하되는 7월이면 농부의 손길은 바람만큼 빨라진다.

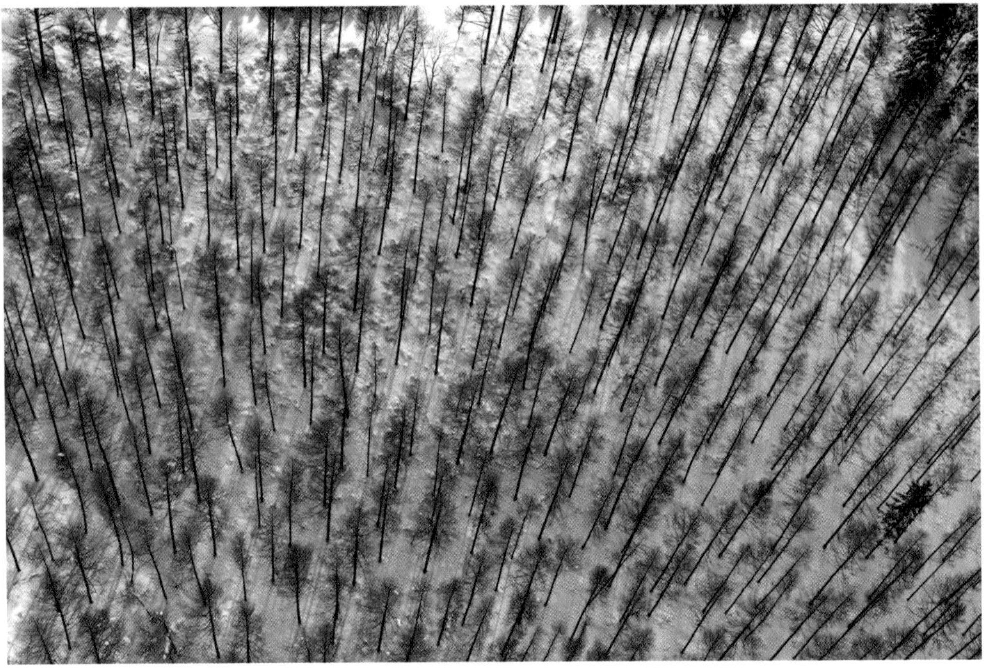

위 | 온 세상이 하얀 눈으로 뒤덮인 대관령삼양목장
아래 | 낙엽이 진 나뭇가지와 하얀 눈이 조화를 이뤄 새로운 세상을 보여준다.

　　대한민국을 대표하는 구절양장의 산길, 대관령. 해발고도 832미터, 고개의 총연장이 13킬로미터이고, 고개의 굽이가 99개소에 이른다. 서울과 영동을 잇는 태백산맥의 관문인 대관령을 경계로 동쪽은 남대천이 강릉을 지나 동해로 흐르고, 서쪽은 남한강의 지류인 송천이 흐른다. 우리나라에서 가장 먼저 서리가 내리고, 가장 추운 지역으로 명성이 자자한 대관령은 그 지형 자체만으로도 역사적으로 수많은 사연을 품을 수밖에 없는 지역이다. 김유신을 비롯한 수많은 무인들이 이곳에서 수련하며 무술을 연마했고, 역사 속의 숱한 전쟁의 출정로로서도 많은 애환을 담고 있다.

　　북쪽 오대산국립공원의 두로봉1422m, 노인봉1338m, 소황병산1328m에서 남쪽 능경봉1123m, 고루포기산1238m으로 이어지는 산맥의 큰 줄기가 두 지역의 경계를 이룬다. 동쪽이 험한 급경사이고 서쪽은 완만한 고원지대다. 굽이치는 고갯길 주위로 구름과 안개가 자욱하게 깔린 모습은 우리가 머릿속에서 늘 그리던 수묵화의 신비로운 정경 그 자체다. 이런 신비스러운 모습뿐 아니라 이곳에는 여의도의 7.5배인 2천만 제곱미터의 광대한 부지를 자랑하는 동양 최대의 초지 목장, 대관령삼양목장이 있다. 삼양축산이 운영하는 대관령삼양목장은 전 국민에게 우유를 먹이고자 박정희 대통령이 지시해 1970년대에 조성됐다. ‘모든 국민에게 쇠고기와 우유를’이라는 모토에 걸맞게 명품 브랜드로 거듭난 대관령 소들이 드넓은 들판을 뛰논다. 광야 너머로 돌아가는 53기의 풍력발전기와 함께 생동감 있으면서도 평화로운 목장의 탁 트인 전망이 완성된다. 파릇파릇, 짙푸른 청량함, 황병산의 단풍을 배경으로 펼쳐지는 오색 찬연, 그리고 설원의 백색 세상으로 사계절 변신하는 목초들의 바다, 대관령삼양목장은 단순한 목장이 아니라 그 자체로 눈앞에 펼쳐진 절경이다. 특히 사진을 좋아하는 이들에게는 겨울철이면 출사 장소로 유명하다. 하얀 눈밭과 푸른 하늘이 어우러진 독특한 비경이 이곳에서만 연출되기 때문이다. 그 덕분에 대관령삼양목장은 영화나 드라마의 촬영장소로 애용된다. 세계 지도 속의 손가락 마디만 한 한반도에 이렇게 드넓게 펼쳐진 광야가 있을 거라곤 가보지 않으면 상상할 수 없을 것이다. 귓가를 때리는 청량한 바람과 시야를 확 트이게 하는 짙푸른 초록의 바다가 펼쳐지는 목장 풍경은 대관령이 숨겨 놓은 또 다른 매력이다. ▢

산주름을 따라 난 대관령 옛길과 시원하게 뚫린 영동고속도로

애국가 일출 장면이 촬영된 추암마을. 물빛이 너무나 아름답다.

소박한 사람들의 꿈과 열정이 있는 추암마을과 묵호항
KOREA | oo6 | GANGWON-DO

"남한산성의 정동방正東方은 이곳 '추암해수욕장'입니다."

동해시 추암마을 추암해수욕장 입구에는 이런 글귀가 쓰인 바위가 있다. 이곳이 바로 "동해물과 백두산이 마르고 닳도록 하느님이 보우하사 우리나라 만세", 애국가 첫 소절의 배경으로 유명한 추암해수욕장이다. 〈겨울연가〉의 촬영지로도 유명한 이곳은 백사장 길이 150여 미터의 작은 해수욕장으로 추암마을 앞에 자리 잡고 있다.

규모는 작지만, 유난히 파란 동해의 바다 색깔과 해안절벽과 동굴, 칼바위, 촛대바위 등 크고 작은 기암괴석이 만들어 내는 빼어난 경관으로 이름난 곳이다. 특히 일출이 매우 아름다워 해금강이라고도 한다. 동해시와 삼척시와의 경계를 이루는 이곳 해안에 단연 눈에 띄는 것이 하나 있다. 촛대처럼 하늘을 찌를 듯 솟아 있는 기암괴석, 동해 8경 중 제1경에 속하는 촛대바위다. 이 촛대바위에 걸리는 해돋이는 거친 남성들의 군무처럼 몰아치는 파도와 함께 장관을 이룬다. 잔잔하고 아기자기한 맛의 서해와는 또 다른 웅장함이 느껴지는 해돋이 명소다.

촛대바위에 관한 전설이 전해진다. 추암에 살던 한 남자의 본처와 소실이 투기가 심해 이에 하늘이 벼락을 내려 남자만 남겨 놓았다. 이때 혼자 남은 남자가 촛대바위의 형상으로 남았다고 한다. 촛대바위 주변에는 약 10여 척의 기암괴석이 동해와 어우러져 추암의 절경을 완성한다. 그 모양에 따라 코끼리바위, 거북바위, 부부바위, 두꺼비바위, 형제바위 등으로 불린다. 조선시대 한명회가 이곳의 기암괴석 군이 만들어 내는 절경을 가리켜 미인의 걸음걸이를 의미하는 '능파대*凌波臺*'라고도 했을 만큼 빼어난 경관을 자랑한다.

　　삼척으로 넘어가는 길목에는 묵호항이라는 조그만 어항이 있다. 지금은 동해시에 편입되어 그 이름이 없어졌지만, 대부분의 강원사람들은 묵호항을 다 안다. 왜냐하면 예로부터 오징어잡이 출항지였기 때문이다. 지금도 묵호항에 가면 포구 안에 빼곡하게 들어선 수백 척의 오징어 배를 볼 수 있다. 배마다 유난히 등이 많이 달려 있는데, 오징어들이 등의 불빛을 보고 모여들기 때문이란다. 저 너머로는 묵호등대가 조그맣게 보인다. 그 아래에 아무렇게나 늘어선 듯한 집들이 절벽 위아래로 난 바위를 층계 삼아 자리 잡고 있다. 묵호등대에서 내려다보면 빨강, 파랑, 초록 색깔의 지붕들이 알록달록하다. 아기자기하게 그려진 벽화들도 화려함보다는 시골마을의 소박한 멋을 품고 있어 보는 이들에게 고즈넉함을 안겨준다. 지붕 끝에 나란하게 그어진 듯한 흰색의 형체가 있는데, 자세히 보니 갈매기 떼다. 서해의 갈매기와는 달리 크

고 당당한 외양의 갈매기들이 그림 같이 앉아 있다. 이렇듯 한 폭의 그림으로 완성된 이 마을은 창문만 열면 시야를 가득 채우는 동해의 절경 때문에 절벽의 위험을 담보한 듯 늘어선 모양이다. 이곳을 찾은 이들이 마음속에 한결같이 품는 생각이 있다. '"귀향"이라고 한다면, 이런 곳으로 하고 싶다'고. ○

과거 오징어와 명태로 유명세를 치렀던 묵호항

동해를 끼고 남북으로 달릴 수 있는 7번 국도는 우리나라에서 가장 멋진 길 중에 하나다.

동해의 푸른 바다를 벗 삼은 설악산

백두대간 중심부에 자리한 설악산은 한라산, 지리산에 이어 남한에서 세 번째로 높은 명산이다.

남한 제1의 명산, 국민관광지, 남한의 금강산…… 설악산에 대한 수식어들이다. 그만큼 '설악산'은 다른 말이 필요 없는 대한민국 최고의 산이다. 한라산, 지리산에 이어 남한에서 세 번째로 높은 산인 설악산은 높고 험한 산 이름에 주로 붙는다는 '악岳'자가 들어간 것에서 알 수 있듯이 험한 산세로도 유명하다. 출입 제한과 조난 사고가 끊이지 않을 정도로 전문 산악인들에게도 쉽지 않은 곳이다. 그러나 1970년 우리나라 다섯 번째 국립공원으로 지정된 후부터 교통 환경 개선과 다양한 코스 개발, 케이블카 설치 등으로 남녀노소를 불문한 대중적 관광지가 됐다.

설악산은 유곡, 계류, 신록, 단풍이 천하의 절경을 이루는 곳이다. 여기서 천하의 절경이란 말은 으레 꾸며 치켜세우는 수사修辭가 아니다. 최고봉인 대청봉1,708m까지 차근차근 걸어 오른 적은 없다 할지라도 설악의 산자락을 한 번이라도 밟아본 이라면 누구나가 공감할 바로 그 천하의 절경이다. 이곳은 398,539제곱킬로미터에 이르는 광대한 면적에 무려 3,489종의 동식물이 함께 사는 자연생태계의 보고이기도 하다. 1965년 천연보호구역천연기념물 제171호으로 지정되었고, 1982년에는 국내 처음으로 유네스코 세계생물권보전지역으로 선정된 곳이다. 대중적 관광지가 됐다고는 하지만 아직도 곳곳에 출입제한구역이 있는 천연 생태계이다.

서쪽의 인제군 쪽을 내설악, 동쪽의 속초시와 고성군, 양양군 쪽을 외설악이라고 하며, 이를 다시 북내설악과 남내설악, 북외설악과 남외설악으로 구분한다. 속초, 양양, 고성, 인제 등 네 지역으로 뻗어 있는 설악산은 경관, 기후, 문화 등이 각 권역마다 다르게 나타난다는 점이 특이하다. 일반적으로 외설악은 남성적인 웅장함을, 내설악은 여성적인 우아함을 담고 있다고 한다. 백두대간을 경계로 기후도 서쪽은 내륙성, 동쪽은 해양성으로 다르다. 설악산의 수많은 비경과 이야깃거리를 일일이 열거하려면 책 한 권도 모자랄 정도다. 우리나라 제일의 암석지형의 경관미를 갖춘 설악산국립공원은 거두절미하고 배낭을 꾸려 그 천혜의 자연 속으로 들어가야 진정한 자연의 미를 만끽할 수 있다. ♡

위 | 설악산의 단풍은 우리나라 최고를 자랑한다.
아래 | 하얀 눈으로 뒤덮인 설악산의 겨울 풍경도 가을만큼이나 아름답다.

신의 주제가 아니면 도저히 만들 수 없는 설악산 울산바위

속초 시내에는 영랑호와 청초호 등 2개의 호수가 있다. 사진은 그 중에 하나인 청초호의 모습.

파도와 모래에 의해 만들어진 석호의 도시, 속초
KOREA | 008 | GANGWON-DO

　‘산 좋고, 물 좋다’는 일반적인 감탄사가 이다지도 특출나게 들어맞는 곳이 또 있을까. 대한민국의 대표적 명산인 설악산과 짙푸른 동해의 수혜를 한몸에 받는 곳, 바로 속초다. 조선시대 양양도호부에 소속된 작은 동리에서 출발한 속초는 1963년에서야 비로소 시로 승격된 강원도에서 면적이 가장 작은 도시다. 그러나 현재는 양양보다 오히려 인구가 세 배 가까이 많은 도시로 발전했다. 국내외를 막론하고 연간 1,000만 명의 관광객들을 끌어모으는 대한민국 관광 1번지 속초에는 이곳만의 ‘무엇’이 있기 때문이다.

　속초는 설악산과 해수욕장 말고도 남북으로 난 두 개의 호수를 나란히 품고 있다. 청초호와 영랑호가 그것이다. 이 호수는 다른 강원도 지방의 호수와 마찬가지로 석호다. 석호는 파도에 의해 운반된 모래가 바닷가 쪽에 장벽을 쌓으면서 만들어진 해안호수로 수심이 얕은 게 특징이다. 강원도 지방에서 흔히 발견할 수 있는 석호라지만, 속초에서처럼 한 곳에 나란히 발달한 곳은 흔치 않다. 그것도 남북 2킬로미터 거리에 있다. 동서로는 산과 바다에, 남북으로는 호수에 둘러싸여 있는 곳 속초. 좁은 지형 덕분에 시가지에서 산과 바다, 호수의 아름다운 정경을 한눈에 담을 수 있는 곳이 바로 속초다. 조선시대 『택리지』를 지은 이중환이 “이름난 호수와 기이한 바위가 많아 높은 데 오르면 푸른 바다가 넓고 멀리 아득하게 보이고, 골

짜기에 들어서면 물과 돌이 아늑하여 경치가 나라 안에서 참으로 제일이다"고 표현한 것처럼 말이다.

청초호의 좁은 입구를 통해 바닷물이 드나드는데, 이곳이 동명항으로 알려진 속초항의 내항이다. 여기서 사람의 힘으로 끄는 갯배를 타고 가면 나오는 곳이 있다. 바로 청호동 아바이 마을이다. 드라마 〈가을동화〉를 찍은 곳으로 지금은 한류의 중심지로 불리기도 하지만, 이 마을은 원래 북한에 고향을 둔 한국전쟁 피란민들이 정착하면서 형성된 우리나라의 대표적인 실향민촌이다. 아바이 순대, 냉면 등이 유명한 먹을거리다. 이북 각지의 실향민들이 모여 악착같이 일궈온 삶의 터전으로 역사의 흐름과 다양하게 혼재된 문화를 엿볼 수 있는 이 아바이 마을도 방파제 공사로 사라질 위기에 처했다니 안타깝다. 또한 '살아 있는 자연사박물관'이라고 할 수 있는 곳이 바로 이 청초호와 영랑호다. 오랜 세월 만들어진 석호만의 특성과 바닷물과 담수가 만나 다양하게 서식하는 바다생물 등이 자연의 보고를 형성한다. 시가지에서 내려다보는 속초의 절경, 산과 바다, 그리고 호수가 함께 만드는 자연사박물관, 이를 토대로 일궈나간 민초들의 삶의 궤적이 고스란히 남아 있는 곳이 속초다. ¤

위 | 눈으로 뒤덮인 속초 시내의 가옥들
아래 | 공원의 모습이 하늘에서 보면 마치 올빼미를 연상케 한다.

위 | 바다와 어우러진 영랑호
아래 | 추위와 눈으로 인해 발이 꽁꽁 묶인 고깃배들

석탄의 도시에서 관광의 도시로 발돋움한 영월

봄, 여름이 특히 즐거운 곳, 강원도 영월. 강원도 남부에 있는 영월군은 동서로 흐르는 강 때문에 더욱 유명한 관광지다. 한때 댐 건설 계획 발표로 격한 환경 파괴 논란을 불러일으켰던 만큼 자연 그대로의 보존 가치가 뛰어난 동강과 선암마을, 선돌 등 강변에 볼거리가 풍부한 서강이 있다. 북쪽으로 정선군과 평창군, 남쪽으로 충청북도 제천시와 단양군 및 경상북도 영주시, 서쪽으로는 원주시, 동쪽으로 태백시에 접한다.

영월은 원래 1970년대까지 광산업을 주산업으로 했던 탄전도시였다. 하지만 '석탄산업 합리화 조치' 이후, 탄광업이 쇠퇴하기 시작했고 2000년대에 들어서는 인구가 3분의 1로 줄어 4만 명 선에 턱걸이하면서 도시 자체가 많이 침체됐다. 그러나 2009년 6월 27일 세계문화유산으로 등재된 단종의 능으로 유명한 장릉, 방랑시인 김삿갓의 유적지가 있는 하동 이외에도 천혜의 자연환경, 문화제나 박물관 등의 많은 볼거리를 개발해 관광객들의 발길을 돌려세우려 안간힘을 쓰고 있다.

영월 하면 많은 이들이 봄과 여름에 걸쳐 즐기는 동강 래프팅을 떠올린다. 백두대간에서 뿜어져 나온 물줄기가 굽이굽이 흘러 60킬로미터가 넘는 긴 강을 이루는데, 이곳이 바로 험준한 절벽과 살아 있는 원시림, 그를 따라 힘차게 흐르는 물줄기로 인해 한반도의 아마존으로 불리는 '동강'이다. 개발의 손길을 뿌리치고 지켜낸 자연미가 돋보이는 이곳이 자연의 물살을 타려는 래프팅 마니아들에게는 봄, 여름뿐만 아니라 사시사철 찾게 되는 최고의 장소일 수밖에 없는 이유다.

'고기가 비단결 같이 떠오르는 연못'이라는 뜻의 '어라연'은 그 이름처럼 동강에서 만나는 절경 중에서도 가장 손꼽히는 곳이다. 동강 상류에 위치한 어라연은 삼선암으로도 불리는데, 수려한 풍광 덕에 신선이 내려와 놀았다는 전설이 전해져 오고 있다. 동강의 푸른 물속 곳곳에 서 있는 바위섬과 한 폭의 아름다운 풍경화를 완성하듯이 그 사이로 뿌리를 내린 노송의 어우러짐은 말 그대로 그림 같다.

동강대교의 중간에 솟아 있는 Y자 주탑도 특이한 볼거리다. 영월의 영문 이니셜과 청령포의 관음송을 형상화했고, 조선의 6대 임금 단종을 상징하는 6단 가로보를 설치했다. 단종의 승하 시 나이인 17세를 주탑의 각도로 표현한 의미 깊은 이 동강대교는, 밤이 되면 아름다운 조명과 함께 그 빛을 발한다. 이 밖에도 매년 4월 단종의 고혼을 기리는 단종문화제, 7월 말 열리는 동강축제, 10월의 김삿갓 문화제 등과 곳곳에 있는 석회동굴 등 볼거리가 풍부하다. ✻

짙푸른 나무 숲 사이로 강물이 굽이쳐 흐르는 영월 동강의 모습은 너무나 평온한 느낌이다.

심산유곡 속에 똬리를 튼 작은 마을은 마치 도연명의 '무릉도원'을 연상케 한다.

오대산에 위치한 월정사는 선덕여왕 12년(643)에 자장율사가 통도사와 함께 창건하였다. 사진은 대웅전 바닥.

천년의 향기가 스민 전나무 숲길, 월정사
KOREA | 010 | GANGWON-DO

월정사는 국보로 지정된 팔각구층석탑이 최대 볼거리다.

366

1킬로미터 남짓한 길 양쪽에 평균 수령 80년이 넘는 전나무가 자그마치 1,700여 그루나 정렬해 있다. 강원도 평창의 오대산, 이곳은 부안 내소사, 남양주 광릉수목원과 함께 한국의 3대 전나무 숲으로 꼽히는 곳이다. 이 숲길은 바로 불교의 성지라고 불리는 월정사의 입구다.

이렇듯 사철 푸른 침엽수림에 둘러싸여 당당하고 고즈넉한 아름다움을 발산하는 월정사는 대한불교조계종 제4교구의 본사이다. 『삼국유사』에 따르면 자장이 당나라에서 돌아온 643년에 오대산이 문수보살이 머무는 성지라고 생각해 이곳에 초암을 짓고 머물면서 문수보살의 진신을 친견하고자 했다고 한다. 그러나 뜻을 이루지 못하고, 이후 신의 선사가 암자를 건립하여 머무르며 이곳에서 입적하였다.

일주문에서부터 월정사 안쪽으로 쭉 자리 잡은 전나무 숲길은 월정사의 일부다. 고려 말부터 전나무가 조성되기 시작했다는 이야기가 전해지는데, 그렇다면 실제로 천 년이 넘는 세월 동안 이 전나무 숲이 월정사를 지킨 셈이 된다. 그래서 여기를 '천년의 숲'이라고 부른다.

마음까지 맑아지는 전나무 숲에서 삼림욕을 즐기다 보면, 불교 성지 사찰의 깊고 은은한 기운이 함께 전해진다. 그 앞으로 유유히 흐르는 맑은 물에서 열목어가 헤엄치는 금강연은 이곳의 빼어난 경관을 완성하는 화룡점정이다. 이렇듯 월정사가 품은 전나무 숲길은 많은 숲길 중에서도 단연 최고의 입지라고 할 수 있다. 숲길을 걷다 보면 한가운데 2006년 태풍 에위니아에 쓰러진 최고령 전나무 한 그루를 볼 수 있다. 40미터가 넘는 몸체가 꺾이고 남은 나무 밑동은 성인 둘이 들어가도 남을 정도로 거대하다. 일주문 안에는 마을신을 모시는 성황각이 고스란히 남아 있다. 절의 시작을 뜻하는 일주문 안에 부처가 아닌 마을신을 모시는 성황각을 그대로 남겨놓았다는 점에서 토속신앙을 배척하지 않고 포용하려 한 불교의 성격을 엿볼 수 있다.

주요 문화재로는 석가의 사리를 봉안하기 위하여 건립한 팔각구층 석탑과 상원사 중창권선문이 있다. 이 밖에 일명 약왕보살상이라고도 하는 보물 제139호인 석조보살좌상이 있다. ◌

온 산이 마치 빨간 물감을 뒤집어 쓴 것 같은 오대산의 가을 풍경.

한 편의 서정시가 흐르는 정동진

한 편의 서정시가 흐르는 정동진

〈모래시계〉라는 드라마 한 편으로 유명해진 강릉의 명소, 정동진

우리에게 너무나 익숙한 바다, 정동진. 한 편의 드라마 덕분에 동해에서 가장 유명한 해수욕장으로 명성이 자자한 정동진은 자유의 장소다. 모든 사람이 삶에 지쳤거나 어디론가 떠나고 싶을 때 무작정 찾아오는 곳이 바로 정동진이다. 그저 '정동진'이라는 단어가 주는 어떤 분위기가 있는데, 그것을 말로 설명하기가 어렵다. 단어로 상상되는 이곳의 풍경은 그냥 가슴을 뛰게 하고, 우리가 그리던 자유와 많이 닮아 있다.

붉은 혀를 내밀 듯 솟아오르는 태양에 대비돼 더욱 검은 바다 앞에서, 마치 태양에 난 검은 점처럼 서 있는 두 사람 때문에 정동진은 세상에 알려졌다. 1994년 방영된 드라마 〈모래시계〉에 나온 이 장면 하나로 이곳은 우리나라에서 연인들이 가장 많이 찾는 장소로 발전했다. 드라마처럼 살고 싶다는 순간의 욕망이 수많은 사람들에게 한 번쯤은 정동진행 기차에 몸을 싣게 한 것이다. 정동진역은 이처럼 드라마 방영 후, 청량리역에서 해돋이열차가 운행을 시작하면서 유명한 관광명소로 떠올랐다.

정동진역은 강릉시내에서 동해안을 따라 남쪽으로 약 18킬로미터 떨어진 지점에 있다. 조선시대 '한양의 광화문에서 정동 쪽에 있는 나루터가 있는 부락'이라는 뜻에서 이름 붙었다. 위도 상으로는 서울시 도봉구 도봉산의 정동 쪽에 있는 것으로 알려진다. 신라 때부터 임금이 사해용왕에게 친히 제사를 지내던 곳으로 2000년 국가지정행사인 밀레니엄 해돋이축전을 성대하게 치러내, 명실 공히 전국 제일의 해돋이 명소로 거듭났다.

정동진역의 일출이 유명한 데에는 나름의 과학적인 근거가 있다. 세계에서 바다와 가장 가까운 역으로 기네스북에 올라 있는 곳이 바로 정동진역이기 때문이다. 이는 수평선 너머로 떠오르는 해돋이의 장관이 바로 눈앞에서 펼쳐진다는 의미가 된다. 인근에 정동진, 고성목, 등명 등 소규모 해수욕장과 모래시계공원이 있고, 경포대, 오죽헌보물 제165호, 참소리축음기오디오박물관, 명락가사, 천곡동굴, 추암 촛대바위, 환선굴 등 가까운 거리에 유명한 볼거리가 많다. 부산, 동대구, 대전, 광주, 전주, 의정부, 춘천 등 전국 여러 역에서 정동진역으로 향하는 관광열차를 운행하고 있다. 대한민국의 으뜸가는 일출 명소 정동진. 밤기차를 타고 달려 정동진역에 닿아 그 장관을 한 번이라도 직접 본 적이 있다면 이 의견에 이견을 가질 이는 별로 없을 것이다. ☼

정동진에는 배를 형상화한 호텔과 카페들이 많다.

짙은 녹음과 푸른 바다가 한 폭의 수채화를 연상케 하는 정동진

아리랑에 맞춰 춤을 추는 정선 민둥산의 억새

구슬픈 〈정선 아리랑〉이 흐르는 도시, 정선은 강원도 면적의 7.8퍼센트를 차지하는 산간 오지다. 태백과 더불어 오지에 속한 정선은 영동과 영서의 분수령이 되고 군 전역에 산악이 걸쳐 있어, 남한강 유역 연안의 계곡에만 좁고 긴 평지가 있을 뿐이다. 정선은 볼거리가 풍부하게 발달된 관광도시는 아니다. 하지만 저 한적하고 인적 드문 시골의 소박한 모습이 박물관, 기념관 등으로 한껏 치장한 관광도시와는 사뭇 다르게 다가온다. 왠지 모를 구슬픔이 묻어난다고나 할까. 정선에 있는 어떤 관광지가 유명한지는 잘 몰라도 〈정선 아리랑〉의 구슬픈 민요 가락이 우리 모두의 귀에 익숙하게 맴돈다. 그래서 시각보다는 청각의 기억이 더 오래 남는 도시가 바로 산간 오지마을 정선의 현주소다.

정선에서 시각적인 여행지를 찾는다면 가을철 억새로 유명한 민둥산이 있다. 배추 농사를 짓는 발구덕 마을에서 30분 가파르게 내달리면 정선에서 가장 아름다운 금빛 억새가 아리랑에 맞춰 춤을 추고 있다. 민둥산의 산세는 경사가 완만하기 때문에 어린아이들도 가을 억새꽃을 즐기며 정상까지 오르는 데 별 무리가 없다. 정상 부근은 마치 땅이 함몰된 것처럼 움푹 파여 있는데 민둥산 밑이 석회암 지대라 오랜 세월 동안 풍화되면서 산 윗부분이 내려 앉은 것이다. 그래서 태백산 자락 같지 않고 제주도의 오름이 연상될 만큼 풍광이 독특하다. 별다른 어려움 없이 오른 정상이지만 산마루에서 맛보는 바람 향기는 너무나 상쾌하다. 발 아래 시원스레 펼쳐진 첩첩 산들과 눈부신 가을 햇살에 춤을 추는 억새, 대기 속에 먼지 하나 없을 만큼 맑고 깨끗한 공기. 이 모든 것은 자연이 인간에게 준 최고의 선물이다. 두 눈을 지 그시 감고 가을바람과 햇살을 만끽하는 사이 삼삼오오 모인 등산객들이 걸쭉한 막걸리 몇 잔 에 취흥이 나서 구성진 〈정선 아리랑〉을 부른다. 우리나라 아리랑 중에서 가장 슬프고 애달 픈 아리랑이 바로 〈정선 아리랑〉이다. "아리랑 아리랑 아라리요. 아리랑 고개고개로 나를 넘 겨주게"라는 후렴구만큼은 조용한 산마루를 울리기에 충분하다.

〈정선 아리랑〉이 이 고장에서 널리 불리기 시작한 것은 지금으로부터 약 600여 년 전 인 조선 초기라 전한다. 고려가 망한 후 불사이군의 충절을 다짐하며 송도에서 은신하던 72 현 가운데 7현이 은거지를 정선으로 옮겨 산나물을 뜯어 먹고 생활했다. 이들이 자신들의 옛 시절에 대한 회상과 가족, 고향에 대한 그리움 등 비통한 심정을 한시로 지어 율창으로 불렀 는데, 지방 선비들이 이것을 듣고 사람들에게 풀이해주면서 토착요에 감정을 실어 구전된 것 이 〈정선 아리랑〉 가락이 됐다. 그 후 사화士禍로 낙향한 선비들과 불우한 처지에 있는 사람 들이 애창했고, 일제강점기에는 나라 없는 민족의 서러움과 울분을 애절한 가락에 실어 아 픔을 달래 왔다. 이렇듯 〈정선 아리랑〉은 강원도 산간지방이라는 지역적 특색과 그 특색으로 인해 모여든 사람들의 아픔이 구슬픈 민요 가락으로 대변되어 온 그 자체로서 민중의 생활사 를 고스란히 담고 있다. ♤

문명의 발전 앞에서 한 발짝 잠시 물러 선 정선

가을이면 억새로 유명한 민둥산

위 | 산비탈을 개간해서 살아가는 정선 사람들
아래 | 썰물처럼 빠져나간 배추밭의 풍경

381

우리의 자생식물이 가득한 평창 자생식물원

산좋고 물좋고 인심 좋기로 유명한 평창

끝없이 펼쳐진 식물원의 가을 정취

　　겨울의 도시, 평창. 스키장이 밀집한 강원도 중에서도 대한민국 스키의 본고장 하면 떠오르는 곳은 단연 평창이다. 태백산맥 중에 있기 때문에 해발고도가 700미터 이상인 곳이 전체 면적의 약 60퍼센트를 차지한다. 눈의 도시라 불리는 평창 횡계리에는 '설원' '한국 스키의 발상지'라는 표석이 세워져 있다. 1949년 대관령에 슬로프를 만들어 이듬해 전국대회를 개최한 데서 비롯된 우리나라 스키는 1975년에 처음으로 현대식 시설을 갖춘 용평리조트가 개장되면서 대중화되기 시작했다.

　　이제는 너와집 같은 전통가옥은 찾아보기 힘들고 펜션이나 세컨드하우스 등의 이국적인 집들로 넘쳐 나는 펜션의 고장이 된 평창. 그러나 이곳은 장돌뱅이 허생원이 나귀를 몰고 메밀밭을 거닐었던, 이효석의 「메밀꽃 필 무렵」의 배경이 된 산간벽지이기도 하다. 평창에 가면 현대화된 스키장과 리조트 말고도 이효석 생가가 있는 이효석문화마을 등의 다양한 관광을 즐길 수 있는 이유다. 이곳은 1990년 지정된 우리나라 1호 문화마을이다. 주변에 평창무이예술관, 덕거연극인촌 등이 있다. 아직까지 열리는 전통적인 시골 5일장도 볼거리다. 평창군에는 미탄장, 봉평장, 진부장, 대화장, 평창장 순으로 5일장이 선다.

　　평창에서 우리 고유의 자연을 좀 더 느껴보고 싶다면 갈 수 있는 곳이 또 있다. 한반도 고유종의 꽃과 나무들로만 조성된 우리나라 최초의 자생식물원인 '한국자생식물원'이다. 평창군 오대산국립공원 일대 식물원의 기원은 1983년 경기도 마석에서 시작된 에델바이스 재배 농장에서 비롯되었다. 1984년에 농장을 강원도 평창군으로 이전하고 규모를 넓혀나가, 2002년에 산림청 지정 1호의 한국 최초의 사립 수목원으로 개원되기에 이르렀다.

인기 드라마 〈여름향기〉의 촬영지로, 1300여 종의 우리 꽃과 나무들로만 조성된 자생식물원은 오대산국립공원 일대의 지역적인 특성과 빼어난 자연환경을 대중들에게 보다 친근하게 하고, 숲과 꽃을 배울 수 있는 좋은 장소이다. 입구에는 영상자료실이 있어 계절에 상관없이 우리 꽃과 풀에 관한 정보를 얻을 수 있다. 이 식물원은 다른 식물원에 비해 주목할 점이 있다. 아름답고 희귀한 외래 식물종이 아니라 우리가 예전부터 보아오던, 어릴 적 뛰놀던 뒷동산에서 봤을 법한 자생식물로 이루어져 있다는 점이다. 그러나 이렇게 흔하디흔했던 자생식물들은 산업화의 물결로 인해 이제는 멸종 위기에 처해 있다. 우리의 옛 강산에 즐비했던 그 식물들을 다시 우리의 눈앞에 펼쳐 보이려는 노력의 산물이 바로 이곳, 한국자생식물

원인 것이다. 아름답게 '가꾸어진' 외래종 식물보다 느티나무, 팽나무, 꽝꽝나무, 남천, 팔손이, 홀아비꽃대, 중대가리, 처녀치마, 며느리밥풀꽃, 노루오줌, 두루미천남성, 매발톱 등의 친근한 우리 고유의 이름을 가진 식물 하나하나가 더 의미 있게 다가오는 이유다. ☼

거대한 양배추 밭이 인상적인 평창의 여름 풍경